河北省社会科学基金项目　项目编号：HB15ZX012

# 现代社会婚姻危机的伦理治理

赵一强　张　云　著

中国检察出版社

图书在版编目（CIP）数据

现代社会婚姻危机的伦理治理 / 赵一强，张云著. —北京：中国检察出版社，2019.1
ISBN 978-7-5102-2232-0

Ⅰ.①现… Ⅱ.①赵… ②张… Ⅲ.①婚姻道德-研究-中国 Ⅳ.①B823.2

中国版本图书馆 CIP 数据核字（2018）第 294493 号

**现代社会婚姻危机的伦理治理**

赵一强 张 云 著

| | |
|---|---|
| 出版发行： | 中国检察出版社 |
| 社　　址： | 北京市石景山区香山南路109号（100144） |
| 网　　址： | 中国检察出版社（www.zgjccbs.com） |
| 编辑电话： | （010）86423703 |
| 发行电话： | （010）86423726　86423727　86423728 |
| | （010）86423730　68650016 |
| 经　　销： | 新华书店 |
| 印　　刷： | 北京玺诚印务有限公司 |
| 开　　本： | A5 |
| 印　　张： | 7.5 |
| 字　　数： | 199 千字 |
| 版　　次： | 2019年1月第一版　2019年1月第一次印刷 |
| 书　　号： | ISBN 978-7-5102-2232-0 |
| 定　　价： | 40.00 元 |

检察版图书，版权所有，侵权必究
如遇图书印装质量问题本社负责调换

# 总　　序

燕赵大地，人杰地灵。河北经贸大学就坐落在太行山脚下风景秀丽的滹沱河畔。它以经济、管理和法学学科为支柱，是省属综合性重点大学之一。生生不息的滹沱河水，孕育着一代代经贸学人，也孕育着法学院的法律学人和学子们。

正是这种无息的孕育，使法学院的学子们在这块田园里春夏秋冬不辞辛劳、辛勤耕作和无私奉献，也正是这种耕作与奉献，使得法学学科这棵幼苗得以快速成长，从1993年其前身经济法系成立到今天初具规模的法学院，经过12年的努力，已拥有民商法、经济法、国际法、刑法和法理学五个硕士点和法律硕士一个在职硕士点。年轻的法学院充满朝气与活力，集聚和培养了一群风华正茂、立志为学的年轻学者，他们分别毕业于不同的学校，汇集了全国各大重点院校的不同学术风格，吮吸着京畿大地丰厚的历史文化滋养。他们以无私无畏的精神白手起家，充分发挥着自身的后发优势，他们还利用环绕北京、贴近祖国心脏的地缘优势，关注和感受着法学前沿问题和法治社会的重大事件。他们与这个伟大的时代同呼吸、共命运。尽管他们所在的还算不上名门名校，但他们正在凭借自身的力量与智慧，努力争得一席之地。

法学院的发展关键在于学科建设，学科建设的基础关键在于学术成果的支撑，而学术成果的取得在于法律学人不断地发现问题、思考问题和解决问题，在于对学术价值的正确判断和刻苦追求。正是在这种理念下，法学院的学人们刻苦追求，努力奋斗，不断进取，在教学和科研上取得了可喜的成绩。为了展示和反映河北经贸大学法学院的科研实力和最新研究成果，发现和支持新人新作，鼓励和培养科研精神，加强学科建设，就要开拓一个固定的园地或搭建一个平台，给法学院学子们提供一个展示和创新的机会，这就是出版本论丛的目的所在。

河北经贸大学法学院与中国检察出版社共同组织出版这套《经贸法学论丛》。之所以命名为《经贸法学论丛》主要从两个方面考虑：其一，"经贸"是河北经贸大学之意，因为河北经贸大学是这套丛书的发起者；其二，"经贸"是经济贸易的简称，从选题范围来说，这套丛书主要包括民商法、经济法和国际经济法，同时也兼顾其他法律部门，不受部门法划分的局限。今后，我们计划每年陆续安排若干种课题的读物出版，使这套论丛更加完善和丰满。

在这套《经贸法学论丛》出版之际，我们衷心感谢中国检察出版社领导与编辑朋友们的信任与支持，是他们给我们创造了这个平台，提供了机会。我们也殷切期望这套丛书能得到社会各界的支持与关注，同时，真诚欢迎来自各方面的批评与指教，所有这些都将成为激励和鞭策我们继续前行的力量。

柴振国

2009 年 8 月

# 目 录

总　序 …………………………………………………（ 1 ）

导　论 …………………………………………………（ 1 ）

**第一章　现代社会特质的婚姻影响** ………………（ 3 ）

　一、"现代社会"的意蕴 ……………………………（ 3 ）

　二、现代社会的主要特质 …………………………（ 6 ）

　　（一）市场经济——"经济人"假说 ……………（ 6 ）

　　（二）科技革命——网络、"ART"与"堕胎" ……（13）

　　（三）法律治理——"婚姻法" …………………（22）

　三、总括性的婚姻影响 ……………………………（31）

**第二章　现代社会婚姻危机的表征** ………………（33）

　一、"婚姻主体"危机 ………………………………（35）

　二、"婚姻过程"危机 ………………………………（37）

　　（一）婚姻媒介：媒人对"普遍物"的远离 ………（38）

　　（二）婚姻交往："幻象症"和"猎奇症" …………（42）

　　（三）婚姻仪式："理性缺乏"和"过度铺陈" ……（57）

　三、"婚姻结果"危机 ………………………………（61）

　　（一）家庭目标："两元对峙" ……………………（62）

（二）家庭元素："协同困境" …………………………（64）
　　（三）家庭项目："项目与能力之间的供需矛盾"……（66）
　　（四）婚姻结果环节的危机表现…………………………（76）

第三章　现代社会婚姻的伦理理念 ……………………………（82）
　一、理性："智慧的婚姻" ……………………………………（82）
　　（一）"本体理性" ………………………………………（82）
　　（二）理性对"契约婚姻观"的超越 ……………………（86）
　　（三）理性的确证："一夫一妻制" ………………………（92）
　二、信任："放心的婚姻" ……………………………………（108）
　　（一）"信任"：对预期效果的期待 ……………………（108）
　　（二）重拾婚姻信心——解救被缚的"阿弗洛狄忒"
　　　　　……………………………………………………（112）
　　（三）婚姻信任："不灭的夜灯" ………………………（119）
　三、节制："纯洁的婚姻" ……………………………………（129）
　　（一）节制：自我控制 …………………………………（129）
　　（二）节制的困境："在者"与"生境"的张力 ………（133）
　　（三）走向慎独："尊重婚姻初心" ……………………（145）

第四章　现代社会婚姻的道德规范 ……………………………（154）
　一、夫妻协作 …………………………………………………（154）
　　（一）女性："生命之火" ………………………………（156）
　　（二）男性："家庭守护神" ……………………………（158）
　　（三）超越亚当、夏娃的局限："远见" ………………（161）
　二、孝敬父母 …………………………………………………（172）
　　（一）"天、地、君、亲、师" …………………………（172）

（二）"无老不成家"——"无老不成社会" ………………（176）
　　（三）不同文化的相似追求："父父、子子" …………（179）
三、爱护子女 …………………………………………………（184）
　　（一）生育子女 ……………………………………………（184）
　　（二）抚养子女 ……………………………………………（193）
　　（三）教育子女 ……………………………………………（198）

**第五章　现代社会婚姻的德性技术** ……………………………（203）
一、各司其职 …………………………………………………（203）
　　（一）丈夫：爱和关心 ……………………………………（203）
　　（二）妻子：照顾和创造愉悦 ……………………………（207）
二、舒心交流：语言美 ………………………………………（212）
　　（一）"谢谢" ……………………………………………（213）
　　（二）"我爱你" …………………………………………（216）
　　（三）"对不起" …………………………………………（218）
　　（四）"我原谅你" ………………………………………（219）
　　（五）"一切都会好的" …………………………………（220）
三、从"我"到"我们"再到"伦理精神" …………………（221）

**后　记** …………………………………………………………（230）

# 导 论

伦理的使命,一为追求人类生命的至善理想;二为达到人类生命至善理想的行为规范。① 无论时空坐标如何转变,伦理的使命不会改变。一般而言,社会伦理学研究包括纵向的管理伦理研究、横向的契约伦理研究和纵横统一的婚姻伦理研究三种研究范式。其中,婚姻伦理属于男女大伦、始源型的伦理关系,对婚姻伦理的分析探讨,有助于提升婚姻道德水平,并为应用伦理学研究添砖加瓦。

婚姻伦理研究由来已久,研究势头长盛不衰。从古希腊的柏拉图、亚里士多德,经由奥古斯丁、托马斯·阿奎那,到黑格尔、马克思、罗素,从《周易》《孟子》《礼记》,到《女则》《女经》,从周敦颐的《通书·礼乐》、程颐的《近思录》到康有为的《大同书》,许多哲人和著作都有关于婚姻伦理的思考和记载。婚姻伦理之所以一直受到人们的高度关注,究其原因无非三点:一是人类渴望摆脱"自然性"而成为"天使"的美好梦想自古以来一直未曾改变;二是人类文明在时空长河里呈现出不同样态,从原始文明、现代文明到生态文明的逻辑演变依然故我;三是现有婚姻伦理在与性本能的持续动态战斗中始终没有取得彻底胜利。人类现在已处于"现代时期",如何在已有婚姻伦理资源的基础上建构实用有效的现代婚姻伦理并解决面临的实际问题,把本来属于人能掌握的幸福还于人类手中,形成"万家和谐""协和万邦"的大乘气象,便成为刻不容缓的历史任务、

---

① 樊浩:《中国伦理精神的历史建构》,江苏人民出版社 1992 年版,第 23 页。

社会任务和学术任务。

目前，国外主要围绕同性恋、生育、堕胎、性伦理、婚姻伦理原理、个案、女性在婚姻伦理中的作用、婚姻德性等问题展开研究，国内则主要集中于历史维度的婚姻伦理、古代婚姻伦理、中国当下的婚姻伦理问题、民族婚姻伦理、法律的婚姻伦理、经典著作及人物的婚姻伦理观、婚姻伦理比较研究等方面，婚姻家庭伦理建构是研究重点。

我们以文化伦理学[①]为研究视角，以经典文献、伦理文献和专题文献[②]为基础，借鉴并超越既有的"理论分析"和"具体研究"两种研究范式，从道德形而上学、道德哲学和道德实践三个维度相结合的视角，依次探讨了现代社会特质的婚姻影响、现代社会婚姻危机的表征、现代社会婚姻的伦理原理、现代社会婚姻的道德规范、现代社会婚姻的德性技术等五个方面的问题。在研究方法上，站在辩证唯物主义立场，采用文献法、逻辑与历史统一法、调研等具体方法。本书重点在于对婚姻伦理中所包含的伦理原理、道德规范和德性技术的深层挖掘，以期切实提升婚姻"伦理精神"[③]，促进婚姻领域个体至善与社会至善的有机统一。

---

① 樊浩：《道德形而上学体系的精神哲学基础》，中国社会科学出版社 2006 年版，第 45 页。

② 例如：《性伦理》（王莹、程新英编著，河北科学技术出版社 1989 年版）、《婚姻和谐的艺术》（安云凤著，解放军出版社 1991 年版）、《婚恋道德：固守与突围》（黄明理著，社会科学文献出版社 2002 年版）、《中国应用伦理学 2003—2004（当代性伦理的冲突专辑）》（孙春晨、江畅主编，金城出版社 2004 年版）、《当代社会责任伦理》（田秀云著，人民出版社 2008 年版）、《中国婚姻伦理嬗变研究》（王歌雅著，中国社会科学出版社 2008 年版）、《中西家庭伦理比较研究》（李桂梅著，湖南大学出版社 2009 年版）、《人类婚姻史》（第一卷）（E. A. 韦斯特马克著，李彬等译，商务印书馆 2015 年版）、《法哲学原理》（黑格尔著，范扬、张企泰译，商务印书馆 1979 年版），等等。

③ 樊浩：《伦理精神的价值生态》，中国社会科学出版社 2001 年版，第 99 页。

# 第一章　现代社会特质的婚姻影响

在现代社会，生产力水平和教育水平提升使人们具有了更丰富的知识、更宽阔的视野和更强的独立性，医疗技术的改善使得婴儿夭折现象大为减少，老人寿命越来越长，全球化的加深使得跨国婚姻不断增多，促进了不同民族之间的血缘融合和文化交流，有关婚姻的事件和观念在互联网上的快速传播，对于社会舆论起到了或正面激励或低俗渲染的作用……现代社会的主要特质可以概括为市场经济、科技革命和法治社会三个方面，这些特质构成了婚姻生活的时代背景，并使婚姻产生了前所未有的深刻变化。

## 一、"现代社会"的意蕴

当今世界大多数国家已经成为现代化国家或以现代化为国家建设目标，因此世界上很多人都自觉或不自觉地为现代化的词语、现代化氛围、现代化特征、现代化模式、现代化生活所包围。在20世纪后期，现代化曾受到后现代化思潮的反思、分析、批判乃至解构之尝试，于是形成解构性后现代主义和建设性后现代主义两种认识。但是，迄今为止，我们并没有看到现代化特征消失，科技革命、科层体制、市场文化仍旧保持活力并持续发展。这就成为现代人在进行婚姻选择时所面临的一个社会背景。对现代人而言，究竟应当如何理解"现代"这一概念也就自然而然地成为不得不首先回答的文化命题。只有对"现代"概念意蕴首先进行分析，才能形成关于现代社会婚姻伦理探索的立论前提。

波林·罗斯诺认为,"现代性是作为一种许诺把人类从愚昧和非理性状态中解放出来的进步力量而进入历史的"。① 欧阳康说,"通常认为,现代化是自 15 世纪以来西方社会以至全世界的一场社会发展与社会变革运动,是一个把人类社会由愚昧引向科学,由非理性引向理性,由神性回归人性,由手工生产转向大机器工业生产,由产品经济转向市场经济,由农村乡镇转向大都市,由贫困走向繁荣,由野蛮走向文明,由专制转向民主,由独裁转向自由,由人治转向法治,由暴力转向解放等的历史性过程。现代化被认为是推动人类进步的一种积极的健康力量,是现代社会一切文明进步和成果之本、之源、之根"。② 横山宁夫认为,"传统社会主要有三方面的特征:(1) 传统主义的价值观占统治地位,即人们向往过去,缺乏文化能力去适应新的环境。(2) 世袭门第社会是决定一切社会实践的依据,这种门第制度是实行经济、政治和法律控制的主要工具。一个人在门第系统中的地位即他在社会中的地位,是被赐予的,而不是凭自己的业绩获得的,也就是说,一个人的社会地位反映出他所属的家庭、民族或部落的地位。(3) 传统社会的成员用一种带有感情色彩的、迷信和宿命论的眼光来看待世界,认为一切都将听天由命,事物的发展注定如此。现代社会的特征恰恰与此相反:(1) 人们可以保留传统的东西,但却不做传统的奴隶,并且敢于摒弃一切不必要的或阻碍文明继续进步的东西。(2) 门第关系在社会生活中的一切领域中都是无足轻重的,因为人们在地理上的流动已使家庭纽带松弛了。一个人在经济、政治上的地位是由于他努力工作和高度的进取心而获得的,而不是取决于他的出身门第。(3) 现代社会的成员不听天由命,而是勇往直前和富

---

① [美] 波林·罗斯诺:《后现代主义与社会科学》,张国清译,上海译文出版社 1998 年版,第 4 页。

② 欧阳康:《社会认识论——人类社会自我认识之谜的哲学探索》,云南人民出版社 2002 年版,第 219~220 页。

## 第一章 现代社会特质的婚姻影响

有革命精神。他们随时准备克服障碍，表现出强烈的企业家精神和对世界的理性与科学态度"。欧阳康又说："当然，与现代化所取得的极为巨大的成就相伴随的是与之同样巨大的社会问题，世界现代化所造就的现代人类面对着现代化的巨大挑战：世界大战，核武竞赛，种族冲突，经济危机，贫富分化，暴力犯罪，毒品泛滥，卖淫嫖娼，信仰迷失，邪教泛起，道德失范，个性压抑，等等。这一切使人们对于进步的观念和对未来的任何信念都发生了怀疑，甚至从根本上受到动摇。应该说，正是对于这诸多现代文明中复杂问题的关注和反思，为后现代主义的产生奠定了基础。"[1]

在上述这些学者的论述中，包含了三个相互联系的概念，即现代性、现代化和现代社会。"现代性"实质上是一种社会特征，仅仅是社会的一种属性，正如我们可以把远古社会称为古代社会和把未来社会称为后现代社会一样。古代、近代、现代、后现代这些术语所指称的主要是人类社会的时间性特征，或者说是从时间纬度对人类社会的一种把握。但是，从历史进步的视角分析，现代性却并不仅仅是一个时间概念，它还包含了人类社会发展的新阶段，指出了促进社会进步的一种新力量。这种力量体现了对人自身的尊重，相信人自身在人类历史发展过程中的主观能动作用，突出人的主体地位，运用理性、科学、法律等手段推动人类文明向纵深发展，提升人类共同体伦理境界。"现代化"概念，则是指在社会共同体中主动引入现代性之特征，将现代性作为社会构成的基本元素加以肯定、提倡和弘扬，并以此基本元素为平台大力推进社会系统诸相关因子改革发展，期冀社会早日依照现代化模式运行。因此，"现代化"宏图，常成为社会发展的规划目标。它承载着民族、社会、国家主体的殷切期望，它是人类在社会发展的无限可能性中所做出的准确选择。它不仅吸引发

---

[1] [英]安德鲁·韦伯斯特：《发展社会学》，陈一筠译，华夏出版社1987年版，第29页。

展中国家为此努力、吸引尚处于原始发展阶段的现代部落社会为之尽力,即使对于发达国家而言,它也是一个值得追求并"永远在路上"的有待完成的重要任务。现代性是名词,而现代化是动词,它体现了变化过程。至于"现代社会",则是一个名词与动词的结合,或者说是一个静中有动、动中有静的社会学术语。现代社会既是现代化目标得以实现的结果,又是一个连续发展、长期发展、不断发展的过程。同样属于现代社会,但所处的发展阶段未必相同。有的尚未意识到现代社会的价值,有的刚刚确立起现代社会目标,有的刚进入现代社会的门槛,有的是建设中的现代社会,有的则是比较成型的现代社会。

现代社会是人们的一种生活样式,也是不同国家提升竞争力的重要国际舞台。现代社会给人们带来的生活,不同于传统社会的生活;现代社会生活方式中,有许多因素影响着个体在许多领域的价值判断和行为方式,这其中就包括婚姻领域。现代社会对婚姻的主流影响是好的,但是也带来了一些具体问题,甚至使某些婚姻遭遇危机。如何成功化解这些问题,有效避免婚姻不幸,逐步实现婚姻自身"单一物与普遍物的统一"①,通过婚姻而成人,提升个体道德水平和社会伦理境界,成就"德福一致"至善社会,就成为重要的伦理问题。基于对婚姻伦理考察的需要,我们对现代社会主要特质及其婚姻影响进行一些分析。

## 二、现代社会的主要特质

(一) 市场经济——"经济人"假说

市场经济是市场经济体制的同义语。作为资源配置的一整套经济系统,经济体制由财产关系系统、经济决策系统、调节机制系统、动力机制系统、对外开放系统等具体的子系统所构成。市

---

① 樊浩:《道德形而上学体系的精神哲学基础》,中国社会科学出版社2006年版,第521页。

场经济体制是由这五个相互联系的子系统所构成的有机整体。

市场经济的结构要素数量众多。市场经济在财产关系形式上，采用的是私人所有制、集团所有制、公共所有制、混合所有制等四种所有制并存的形式，正所谓利益主体多元化。就经济决策系统而言，国家、企业、家庭三种基本决策主体以各自的产权作为其决策的合法性依据，其中，国家进行决策的目标是保障国家利益，企业决策的目的是预期收益最大化，而家庭决策的目的在于家庭成员的成长。在市场经济体制中，调节机制是以市场机制为主导，以政府调控为辅助，寻找二者的最佳结合方式。现代市场经济还要求具备动力机制系统。资源配置是人的一种自觉活动，人的活动必须有动力，那么，什么是人自觉活动的动力呢？经济意义上将其概括为利益。利益就是需要的满足，需要分为个人需要、集体需要和国家需要，因此也就对应有个人利益、集体利益和国家利益，而这三种利益既存在着一致的一面，也存在着矛盾的一面，所以，适当地处理三者的关系才能取得社会发展的理想效果。动力机制是启动潜在于社会的各种动力的经济机制，其功能在于把动力变成现实的生产力。动力机制可以采取三种类型，即单纯刺激型、简单强制型和全方位激励型，总趋势是朝着"全方位激励机制"的方向发展，不但重视物质刺激，也重视精神激励。在经济全球化时代，一国的经济体制不可避免地要走向开放。开放系统不但包括对外贸易、国际资金流动、技术进出口、劳务输出和输入等经济交流形式，而且包括语言、文化、精神等方面的对外交流。

市场经济释放了人们追求经济利益的内在动力。在"自给自足"的自然经济下，生产的目的是直接满足生产者家庭或经济单位本身的需要，产品不进入流通过程或极少进入流通过程。计划经济体制在很大程度上否认了商品的价值，限制了商品的流通，因此无法培育"最强的冲动力"。而市场经济中生产的目的在于"商品"，在于"交换"，在于为社会提供私人物品或公共产品，所追求的是现实的经济利益。在市场经济条件下，各色商品琳琅满目、交易场所比比皆是、流通渠道多种多样，体现并激发出人们追求经济利益的热情，而经济利益的满足，为人的生理性、心理性乃至精神性存在提供了物质基础。但是，市场经济并不能天然导致"最好的冲动力"。如果从道德哲学分析，这主要源于市场经济建构中对人性的"经济人"假设。

"经济人"假设作为西方经济学大厦的建构基石，最初是从人性的角度给予界定的。1549年，约翰·海尔斯在《关于英格兰王国公共财富的讨论》一书中，表述了"人是追逐最大利润"的看法；1723年，荷兰经济学家曼德维尔在所著的《蜜蜂的寓言》一书中以蜜蜂的社会为喻，认为"处于自然状态、并不具备真正神性的人"，"是一种格外自私而顽固的动物"[1]，个人出于利己心而追求快乐、享受与利益时，反而推动了社会经济的发展[2]。亚当·斯密对曼德维尔的论述加以继承和发挥，首先提出了"经济人"命题，以构建古典经济学体系。斯密认为，"我们每天所需的食物和饮料，不是出自屠户、酿酒家或烙面师的恩惠，而是出自他们自利的打算。我们不说唤起他们利他心的话，而说唤起他们利己心的话"。[3] 1836年威廉·西尼尔把经济利益最大化原则作为他的"纯经济理论"的四个基本命题的第一公理而提出。深受英国哲学家边沁的"功利原则"影响的约翰·穆勒认为，"经济人"是会算计、有创造性并能寻求自身利益最大化的人。"经济人"假说至此被更概念化地表述出来，进而成为西方经济学中的一个"公理"。西蒙从对"经济人"假定的"理性"和"利益（或效用）的最大化"质疑入手，侧重对有限理性的考察。新制度经济学认为，人固然具有"经济人"的

---

[1] ［荷］伯纳德·曼德维尔：《蜜蜂的寓言》，中国社会科学出版社2002年版，第31、32页。

[2] ［荷］伯纳德·曼德维尔：《蜜蜂的寓言》，中国社会科学出版社2002年版，第13～19页。

[3] ［英］亚当·斯密：《国民财富的性质和原因的研究》（下卷），商务印书馆1981年版，第14页。

本性，但人在经济活动中所追求的不仅限于物质财富，也追求非物质的（精神的）满足。因此，人既有利己的一面（这是主要的），也有利他的一面（诸如扶弱济贫、献身公益等）。新制度经济学还进一步把"经济人"假定演化为人的"机会主义行为倾向"。所谓机会主义行为倾向是指人们在经济活动中有一种投机取巧的倾向。美国芝加哥学派的加里·S. 贝克尔、M. 弗里德曼和罗伯特·卢卡斯等人对传统的"经济人"重新作了解释，认为人并不是自私自利的怪物，而是有理性的个体；经济活动中人所追求的利益绝非狭隘的金钱利益，而是根据自己的价值观念所定义的利益行动，即追求效用最大。而效用来源可以是市场上的商品或劳务，也可以是声望、尊严等其他非货币因素。根据对"经济人"的重新阐释，以贝克尔为首的芝加哥学派应用"经济分析"方法来观察和分析不同背景与场合下人的行为和社会现象。在贝克尔看来，独身也好、结婚也好，利己主义也好、利他主义也好，人的各种活动的目的只有一个，那就是追求效用最大，换言之，人的一切活动都蕴含着效用最大化动机。最近 20 多年里，行为经济学试图将更为复杂的人类行为分析融入标准的经济学理论，对有完全理性决策能力的同质"经济人"假定进行了新的突破与发展。2002 年的诺贝尔经济学奖得主丹尼尔·卡尼曼、已故的阿莫斯·特维尔斯基和理查德·塞勒是行为经济学研究领域富有创见、具有代表性的理论家。卡尼曼和特维尔斯基通过实验对比发现，大多数个体并不总是理性的和规避风险的，人们面对不确定时多是非理性的、偏好反复无常的。他们认为，在不确定性的条件下，人的偏好主要是由财富的增量而非总量决定的，而效用函数对正的财富增量是凹的，但对负的财富增量是凸的。卡尼曼和塞勒认为，在不确定性条件下，人们进行决策时事实上无法真正实现"最大化效用"。主要表现在决策效用与体验效用的不一致、人们事实上不能正确地分配各种决策后果的权重、回顾效用与体验效用的不一致三个方面。

透过以上历史脉络，从古典经济学、新古典经济学、庸俗经济学时期对"经济人"假说所做的各种讨论中,我们可以看到"经济人"的主要特征。

第一,动机具有"自利性"。多数的经济学家对此并不怀疑,即使新制度经济学对人的行为的"利他性"进行过分析,也仍旧认为"利他性"乃是"自利性"的间接表现和实现途径。但是,芝加哥学派却提出了"人并不是自私自利的怪物"的命题。由此可见,"经济人"假设在经济学家那里也包含着"利他性",这就昭示我们,如果一个人从精神上并未接触、接受过"经济人"概念,他完全可以按照其自然成长所获得的知识和倾向进行行为选择;如果一个人接触并从意识中接受了这一术语而且不假思索以其为行动的理论指导,那么只有对"经济人"中的"利他性"同时予以关注而不单是关注"自利性",才能避免行动上的极端主义,才会实现人生价值的正确定位和选择"成人之道"而不只是"取物之道"。

第二,方向在于"经济利益"。在亚当·斯密那里,"经济人"之"自利性"体现在对"利润"的追求上,到了芝加哥学派的时候,否定了"人是自私自利的怪物",但借助"效用最大化"的工具,认为"经济人"所追求的利益已非狭隘的金钱利益,而是根据自己的价值观念所定义的利益行动,即追求效用最大。而效用来源可以是市场上的商品或劳务,也可以是声望、尊严等其他一些非货币因素,这反映了"自利性"追求范围已远远超出了传统的经济领域而进入了人的其他社会行为甚至家庭行为,这实际上就是"成本—收益"意识在人的行为各个方面结合在一起,道德就会陷于被排挤、驱逐、消灭的危险境地,"绝对利己主义"不可避免。

第三,求利态度"理性"。何为"理性"?经济意义上的"理性"主要是指人能够通过成本—收益分析或趋利避害来对其所临的一切机会和目标及实现目标的手段进行优化选择。这也就意味着,"经济人"都有一种"精密计算"的能力,根据本人利益需求进行行为选择本性,凡事皆以个人之得失为衡量标准的价值取向。这种"理性"的应用虽然会因主观能力、客观环境、信息匮乏等原因而表现为"有限理性",但终究不免对"感性"造成深刻的伤害,人与人之间就会变为赤裸裸的利益关系。人是感性与理性的统一体,所以理性对感性的伤害就是对人的自然本质的破坏,破坏导致的不和谐又将迫使"理性"的个人以"理性"的方式去弥补"感性"的缺失,其结果是"感性理性化",人成为冷酷无情的机器零件,人的天然本质发生异化。

第四,目标是"效用最大化"。"效用最大化"是"经济人"的目标。经济人在追求"效用最大化"时,经常遭遇决策困境。决策困境的成因,可能主要在于信息收集不足、价值取向模糊、思考时间限制三个方面。这三种制约因素一旦被主体、科技和努力所克服,就会出现正确决策;否则,出现错误决策的概率就会大大增加。"经济人"并不总能克服决策困境所导致的困难,于是采用简单的加法原则来解决这一难题。"经济人"通常会依照简单的加法原则,选择数量上的最大数值作为目标,而不管其实质上是什么类型的效用、到底有无效用,结果是,在各个领域出现争抢局面。争抢不是有序竞争,争抢会引发机会主义行为。如果因争抢引发的机会主义行为仅限于经济领域,那么规则形同虚设的情形也会仅仅限定于经济领域。但是,如果因争抢引发的机会主义行为开始逐渐向非经济领域进军,则蕴含于人心的整个社会伦理秩序就会因"经济人帝国主义"无限拓展而变得岌岌可危。

"经济人"假设解放了生产力,促进了社会物质财富的增加,同时,也暗含着规避法律、逃避道德之行为发生的内在动力。"经济人"假说日益理念化并在此基础上形成"经济人"理念泛化,给人类社会生活道德带来了不容忽视的挑战。"经济人"假设没有仅仅停留于经济领域,而是逐步将自身引向了更广泛的社会舞台,它在给婚姻带来丰富的物质资源的同时,也刺激和加速了金钱婚姻的成长。"经济人"对经济利益的偏好导致了"金钱婚姻"的产生,一旦家庭经济条件衰落就分崩离析;

"经济人"理性导致"买卖婚姻"出现,将自己"卖"给了"地位、关系、名利",一旦外在的支撑条件发生变化,家庭发展就会半途而废;经济人"效用最大化"原则使双方感到不安和紧张,以婚前财产公证的方式将婚姻定为"契约",尚未结婚就已经准备离婚。"宁愿坐在宝马车里哭,也不坐在自行车上笑"之诳语,便是婚姻领域拜金主义的典型表现。单一的"经济人"思维模式,导致在家庭生活期间,夫妇双方各自为政,坦诚、信任、奉献的情怀缺乏,任性、无礼、埋怨充斥生活空间,甚至婚外情频频招手;缺乏对父母老人的尊重、关心、问候、侍奉、照料;对儿童利益化的过度溺爱影响其健康成长;兄弟姐妹之间缺少友爱和互助,为蝇头小利争得不可开交;亲戚往来以精细的金钱算计为基础,放逐人类亲情。

婚姻通常是社会以法律形式认可的两个异性之间的长期共同的生活关系,家庭是婚姻的结果和外部形式。家庭是每个人都必然或多或少在其中生活的社会单位,家庭具有养老、育幼、夫妻帮扶等功能,同时承担着民族和社会天职。家庭和谐稳定是社会稳定持续发展的基础,黑格尔曾将家庭称为"神的规律"得以体现的伦理实体。[①] 家庭成员应当意识到他是家庭这个伦理实体的成员,这就是家庭伦理精神。在家庭中,没有"你"或"我",只有"我们"。"因为我们看到,'我'与'你'之间的差异与分立本身是从统一体中产生的,是统一体——那个分成'我'与'你'两极又作为'我们'统一体而存在的统一体——的分解。"[②] 家庭是伦理实体、是道德资源的源泉。为建构家庭伦理精神,就需要"经济人"假设回归本部,在经济领域发挥其积极作用,而不是无限拓展到所有其他行为王国。"经济人"假说是对具有无限多样性和无限发展可能性的"人性"的一种选择

---

① [德] 黑格尔:《精神现象学(下)》,贺麟、王玖兴译,商务印书馆1997年版,第6页。
② [俄] C. 谢·弗兰克:《社会的精神基础》,三联书店2003年版,第57页。

和偏好，对人的习性而不是本性的强调。"经济人"属性所反映的是人类社会对物质利益求发展的主观愿望和意识引领。现实世界的每一时代、每一区域、每个国家并不存在纯粹的"经济人"，而是同时存在"政治人、文化人、伦理人、法律人、宗教人、科学人、医学人、建筑人"等多种多样的"人的理型"。对于同一个人而言，其也是多样性的统一，或在不同时空、不同场合体现出不同的性格特质。经济世界是现实世界，但现实世界不只是经济世界。

（二）科技革命——网络、"ART"与"堕胎"

科学技术是人类认识自然、改造自然的实践活动，体现了人的主体地位和主观能动性发挥，推动着人类文明发展。科技革命体现了人类追求幸福的梦想。科学和技术的进步，离不开科学研究，而科学研究活动体现了人类探索自然、征服自然、改造自然的强烈愿望。伯纳德·巴伯说："人类经常梦想着，但实际上从未生活在伊甸园之中。这就是人类境况的根本之所在，即人不是生活在一个顺从的而是在一个抵抗的环境之中，生活在一个他必须不断努力加以控制的环境之中，如果他不能完全主宰环境的话。人的物质和社会情况总是向他提出任务，他必须设法有效地采取达到目的的手段。你们如果必须付出努力，你应付环境，这个境况所固有的话，那么只有有限的精力满足我这种一般努力，也是人类固有的本性，因此无论何时何地，人类都必须有效并且经济地做出一些这种努力。……由于需要节省精力，需要采取有效达到目的的方法，总是必不可少的，求助于他的理性的力量，求助于他关于其环境的某些知识的力量。"[①]

科技革命是科学革命与技术革命的合称。科学革命是通过科学知识的新发现从根本上改变原有理论体系以形成新的理论基点、原理框架和推进方向，技术革命是指技术本身的重大发展变

---

① ［美］R.T.诺兰：《伦理学与现实生活》，华夏出版社1988年版，第180页。

化。科学革命引起技术革命，技术革命反映科技革命，科学革命是发现，技术革命是发明，比较而言，技术离人们的生活更近。科技革命是一个持续不断的生发过程。到目前为止，人类历史上共发生了四次科技革命。18世纪70年代至19世纪中叶，在欧洲首先是英国发生了以蒸汽机的广泛应用为标志的第一次科技革命，又称"蒸汽革命"，人类从手工时代进入了蒸汽时代，实现了生产机械化。19世纪末，以德国、美国为中心发生了以电力技术的广泛应用为标志的第二次科技革命，又称"电力革命"，人类从蒸汽时代进入了电气时代，实现了生产的电气化。20世纪40—50年代，始于美国的以电子技术的广泛应用为标志的第三次科技革命，又称"电子革命"，使人类从电气时代进入了电子时代，生产实现了自动化。20世纪70年代以来，发生了以信息技术的广泛应用为标志的第四次科技革命，又称"信息革命"，它是第三次科技革命的继续与发展，目前还处于兴起阶段。①

科技革命内容十分丰富，当今时代科学技术覆盖范围已深入生活各个领域。中国著名哲学家萧焜焘先生认为，可以把当代的科学技术分为三类。"①生产技术。如制造工具、机制，生产日用产品等，目前生产技术不但活跃在无机物范围之中，而且在有机物、生物系统中也日益发达，如人体器官移植，遗传工程等。②管理技术，当技术深入到人类社会体系之中，便产生了组织管理技术，如预测决策技术、系统分析技术等，这种技术一般没有有形的产品，但是由于管理科学化、理论化，可以出现生产的增益作用，如科学的预测，可以导致正确的决策，而正确的决策，可以避免失误所造成的各种损失，大大提高生产效益、经济效益、社会效益。③智能技术。人类的思维活动，可以部分为'智能机'所代替，于是产生思维活动的技术，独立密码技术，

---

① 向文华、徐建萍：《科技革命推动西方资本主义国家社会演变的路径分析》，载《当代世界与社会主义》2003年第2期。

图像识别技术等。"① 科技革命对社会进步具有推动作用，但如果对科技伦理疏于提倡，也有可能引发严重社会问题。就婚姻领域而言，网络技术、人类辅助生殖技术、堕胎技术等是重要的影响力量，而其中尤以人类辅助生殖技术最为突出。

作为由电子计算机、远程通信等技术连接世界各个国家、部门及个人的高速信息交互系统，网络在带来相互交往、相互沟通巨大便捷的同时，也给婚姻伦理带来了如下可能的或现实的消极影响。主要表现在：第一，网络不良信息极大消磨着青少年的意志。将年轻人培养成"网络思维"新新人类，使得一些年轻人根本无法形成正确婚姻观却又不自知。年轻人是一个国家的未来，如果年轻人的婚姻伦理素质上不去，势必影响整个民族甚至人类的繁荣昌盛和持续发展。究其原因，一是年轻人正处于青春期或生育期，具备吸收相关因素的身体条件；二是网络环境净化级别低，很多网络游民抱着一种对社会极其不负责的态度，直接或间接在网上悬挂不良信息；三是社会舆论鱼龙混杂，缺乏一种一贯的积极向上的明确的引导态势，有的民间舆论甚至不辨是非。第二，网络不良信息侵蚀着现有的婚姻生活。通过网恋引发的婚内精神出轨、婚姻义务推卸、婚姻关系破坏是对已成婚姻侵蚀的主要表现。原因可能在于，现代社会人十分繁忙，人们所承受的巨大压力努力寻找释放的窗口。如果这种释放渠道指向了爱情，那么网络就很容易成为寻找恋情的方便平台。人们努力寻求可以理解自己处境的知音，网络恋情成为一种放松方式；婚姻生活存在着某些不足，迫使已婚人士产生新的婚姻憧憬和恋爱理想；当事人具有严重的心理疾患或认知错误，朦胧中渴望"丰饶中的纵欲无度"。第三，网络不良信息成为现实文化的构成元素，侵袭着所有人的生活品质。婚姻本是人类正常的愿望和要求，没有婚姻，家庭不复存在，家庭功能丧失，人类无从繁衍。婚姻需要良好的、积极的因素推动，不需要不良信息的蛊惑。网

---

① 萧焜焘：《自然哲学》，江苏人民出版社2004年版，第414~415页。

络不良信息泛滥使人精神疏于防范和日渐麻痹，此类信息甚至出现于现实生活中的思维、言谈和行为内，而并未引起人的警戒，反而是熟视无睹、任其自流。如此一来，随着时间推移，必然导致社会伦理风尚水平下降，引发民族美德难觅踪影、阴风邪气铺天盖地、明辨是非善恶能力丧失，人自身发生异化、物化、商品化、低端化、庸俗化，明朗美好人生变成"无根浮萍的游荡"等伦理悲剧。上述这些不良影响在网络所覆盖的不同国家和地区均不同程度地存在，而无论其表现形式如何，在某些西方发达国家，情形则更为严重，其借助网络平台、网络交往等途径宣扬不良婚姻文化，几乎成为婚姻伦理领域的一个世界公害。为此，治理网恋畸形婚恋之雾霾，需要人类共同的文化觉悟、道德觉悟和伦理觉悟，需要脚踏实地进行长期合作和不懈努力，世界各国应当加强"联防、联控、联治"。

人类辅助生殖技术是指采用医疗辅助手段使不育夫妇妊娠的技术，包括人工授精（Artificial Insemination，AI）和体外受精—胚胎移植（In Vitro Fertilization and Embryo Transfer，IVF – ET）及其衍生技术两大类。人类辅助生殖技术解释是"运用医学技术、方法对配子、合子和胚胎进行人工操作，以便达到受孕目的技术，分为人工授精和体外受精—胚胎移植技术及其各种衍生技术"。[①] 据世界卫生组织（WHO）评估，每 7 对夫妇中约有 1 对夫妇存在生殖障碍，因此采取辅助生殖技术的人数日益增多。自 1978 年首例试管婴儿诞生以来，辅助生殖技术取得了长足进步。据统计，30 余年来，全球已有数百万婴儿借此而生。目前我国约有上百家 ART 机构，每年实施 ART 几十万例。ART 给许多不孕不育患者带来福音的同时，也打破了人类自然生育的方式，改变了家庭血缘关系的传承，使遗传学与社会学亲代与子代关系交

---

① 参见卫生部 2001 年颁布的《人类辅助生殖技术管理办法》第 24 条。

叉并存，不可避免地与伦理学形成冲突。① 人类辅助生殖技术使得性别预选成为可能，同时有可能使天然的伦理关系发生混乱，因此需要严格管理。代孕是人类辅助生殖技术发挥作用的重要领域，"代孕现象"给婚姻伦理带来了巨大挑战。

代理怀胎孕育是指一对夫妻和另外一名女性之间通过签订契约，该女性代替妻子怀胎生产子女，事后将该子女交给该夫妇，由该夫妇取得一切亲权的行为。代孕划分为不同种类。如果以动机为标准，又可以将代孕分为主动代孕、被动代孕和结合代孕；如果以报酬为标准，可以将代孕分为无偿代孕、有偿代孕和补偿代孕；如果以来源为标准，可以分为妊娠代孕、捐精代孕、捐卵代孕；等等。代孕涉及技术、经济、动机三个层面。从技术层面说，虽然存在风险，但代孕技术能够协助实现生育目标，只要能够顺利生产，就是技术有效性；从经济层面说，只有付足够数额的货币，则代孕行为便具有了经济合理性；从动机层面说，只要是人心所向，无论该所向是否关涉到整体价值观，能够满足人的愿望，就具有了心理适当性。但是，"技术有效性、经济合理性、心理适当性"并不意味着当然具有"价值伦理性"。这三种特性本身都是"双刃剑"：技术可以使人生，也可以使人死；经济可以使人富，也可以使人穷；心理可以使人笑，也可以使人哭。因此，应当在这三种现实的客观性力量之上设置合理的价值引导，从而保障人类的行为沿着文明、生态、伦理的方向前进。

世界各国对代孕所持态度不同。目前禁止代孕的国家占多数，特别是欧洲的主要国家，如法国、德国、意大利、瑞士、西班牙等都立法禁止代孕行为；允许代孕的国家也为数不少，如希腊、英国、美国、俄罗斯、澳大利亚等国都允许代孕，与之对应的是这些国家对代孕也设置了各种法律门槛；美国各州有权选择承认

---

① 卢晓宁、席稳燕、符生鱼、李向红、韩强：《医学生对辅助生殖技术伦理问题认知的调查研究》，载《中国医学伦理学》2017年第8期。

或禁止代孕，50个州里至少有26个州的法律允许或不禁止代孕。①中国在代孕治理方面，颁布了许多规范性文件。② 其中，《人类辅助生殖技术管理办法》（2001）第3条明确规定："人类辅助生殖技术的应用应当在医疗机构中进行，以医疗为目的，并符合国家计划生育政策、伦理原则和有关法律规定。禁止以任何形式买卖配子、合子、胚胎。医疗机构和医务人员不得实施任何形式的代孕技术。"《人类精子库管理办法》（2001）第3条规定："精子的采集和提供应当遵守当事人自愿和符合社会伦理原则。任何单位和个人不得以营利为目的进行精子的采集与提供活动。"第17条规定："人类精子库工作人员应当向供精者说明精子的用途、保存方式以及可能带来的社会伦理等问题。人类精子库应当和供精者签署知情同意书。"《人类辅助生殖技术规范》（2003年）在"管理"部分规定："1. 实施体外受精与胚胎移植及其衍生技术的机构，必须遵守国家人口和计划生育法规和条例的规定，并同不育夫妇签署相关技术的《知情同意书》和《多胎妊娠减胎术同意书》。"《人类精子库基本标准和技术规范》（2003年）在规定"人类精子库基本任务"时列举到："1. 对供精者进行严格的医学和医学遗传学筛查，并建立完整的资料库；2. 对供精者的精液进行冷冻保存，用于治疗不育症、提供生殖

---

① 《代孕该不该一禁了之》，载法制网，http://www.legaldaily.com.cn/locality/content/2017-02/21/content_7022098_4.htm，最后访问时间：2017年10月7日。

② 中国关于包括代孕在内的人类辅助生殖技术的规范文件主要有：卫生部2001年颁布《人类辅助生殖技术管理办法》《人类精子库管理办法》，同年发布《人类辅助生殖技术规范》《人类精子库基本标准》《人类精子库技术规范》和《实施人类辅助生殖技术的伦理原则》（简称《技术规范、基本标准和伦理原则》）。2003年对《技术规范、基本标准和伦理原则》修订，2001年的《技术规范、基本标准和伦理原则》废止，修订为《人类辅助生殖技术规范》《人类精子库基本标准和技术规范》《人类辅助生殖技术和人类精子库伦理原则》并于2003年10月1日起执行。2003年还颁布了《人类辅助生殖技术和人类精子库评审、审核和审批管理程序》。2006制定的《人类辅助生殖技术与人类精子库校验实施细则》、2015年制定的《人类辅助生殖技术配置规划指导原则（2015版）》（同时携带《辅助生殖技术配置测算方法》和《辅助生殖技术配置规划参考数据》两个附件）。

保险等服务；3. 向持有卫生部供精人工授精或体外受精－胚胎移植批准证书的机构提供健康合格的冷冻精液和相关服务；4. 建立一整套监控机制，以确保每位供精者的精液标本最多只能使 5 名妇女受孕；5. 人类精子库除上述基本任务外，还可开展精子库及其相应的生殖医学方面的研究，如：供精者的研究、冷藏技术的研究和人类精子库计算机管理系统的研究等。"《人类辅助生殖技术和人类精子库伦理原则》（2003 年）所确定的人类辅助生殖技术伦理原则有 7 个，即"有利于患者的原则、知情同意的原则、保护后代的原则、社会公益原则、保密原则、严防商业化的原则、伦理监督的原则"；确定的人类精子库的伦理原则也是 7 个，它们分别是"有利于供受者的原则、知情同意的原则、保护后代的原则、社会公益原则、保密原则、严防商业化的原则、伦理监督的原则"。《人类辅助生殖技术配置规划指导原则（2015 版）》规定："《配置规划》以省（区、市）为基本区域，以辅助生殖技术服务需求为依据，以促进辅助生殖技术规范有序应用为目的，合理利用区域内医疗卫生资源，建立健全规范的辅助生殖技术服务体系，促进生殖医学事业健康发展。加强属地化和行业管理，将所有开展辅助生殖技术的医疗机构（以下简称辅助生殖机构）全部纳入《配置规划》，统一规划布局，统一实施监管。"并规定了配置规划的四项原则，即"整体效益原则、稳妥有序原则、分类指导原则、合理布局原则"。这说明两个方面的问题：一是对于包括代孕在内的人类辅助生殖技术存在一个从过去的严格否定到现在的严格管理的发展过程，目前所采取的是一种限定主义态度，对符合规定条件的允许，对不符合条件的不允许，但对"商业化"行为则是严格禁止，态度坚决；二是在《人类辅助生殖技术管理办法》《人类精子库管理办法》这两个最重要的规范性文件中均提到了"社会伦理"，在《人类辅助生殖技术和人类精子库伦理原则》中又列举了种种伦理原则，反映了生殖医学伦理委员会的指导、监督和审查职能。但是，必须看到，虽然国家有此种种细致而严格的管理规定，但民间自发的"商业性代孕"仍有存在。"商业性代孕"极易为非主流传媒所关注吸引社会眼球，进而影响实体婚姻伦理秩序。

堕胎又称人工流产，是指故意结束妊娠，取出胚胎或者导致胎儿死亡而流产的行为。自古以来，堕胎便是一个备受关注的问题。"西方对堕胎行为的态度大致经历了四个时期。自古希腊至中世纪，堕胎虽是一个有争议的行为，但基本能够被社会所接受。而伴随着中世纪宗教势力的兴起，堕胎逐渐被视为重罪（felony）并得到了社会认同和支持。但中世纪后，由于自由、性解放的呼声高涨，尤其在20世纪下半叶的第二次女权运动中，仿佛是对中世纪人性压抑以及过去所有历史中女性从属于男性的地位的反叛，生育自由几乎成了追求男女平等的标志，堕胎行为被一定程度接受。但堕胎罪在众多西方国家并未予以废除。而当社会逐渐回归理性，反对自由堕胎的思想重新兴起，堕胎罪的地位又得到了一定稳固。但此时各国刑法保留堕胎罪的原因却已非单纯的宗教因素，而是基于理论与现实的双重需要。"① 在中国古代，强迫孕妇堕胎以及帮助孕妇堕胎致死是一种犯罪行为。中国目前的状况是：1999年以来，我国多省份基于降低出生人口性别比例的目的，开始通过制定地方性法规或规章的方式，在程序和实质上限制妊娠14周以上的妇女堕胎，打破了长期以来我国妇女堕胎自由的法律规定和社会观念。在堕胎问题上，我国从新中国成立后的鼓励多生严格限制堕胎，到70年代计划生育政策实施可以堕胎，再到2001年后颁布法律特别限制非医学需要的选择性别堕胎，最终在宪法和法律上形成以"妇女自主堕胎为原则，禁止非医学需要的选择性别堕胎为例外"的生育政策。也就是说，如果无法判定妇女是基于非医学需要的选择性别堕胎，那么国家就无权干涉妇女的堕胎行为。然而1999年后地方多省市的规范性文件却对妊娠14周以上妇女规定如无法定理由

---

① 富童：《近代中国堕胎罪法律移植失败原因探讨》，载《黑龙江省政法管理干部学院学报》2015年第5期。

不准堕胎，即采取"不准堕胎为原则，特殊情况才可堕胎"的规则，这似乎已经突破了宪法和法律确定的堕胎原则。在该地方立法实施十几年后，尤其是2016年我国全面放开二胎政策以后，我们应该从理论和实证的视角对此进行评估，审核出生人口性别比是否随着限制妇女堕胎措施的行使而发生改变，并在理论上阐释限制妇女堕胎立法的合法性和合理性，最终在公民生育权与国家生育管理权之间寻求平衡。①

堕胎分为正常堕胎和反常堕胎两种情况。正常与反常的区分标准就在于保护胎儿和母体的利益。如果堕胎有利于母体和胎儿的身体健康、社会生存、自然发展，那就是正常的堕胎行为，反之，则属于非正常堕胎行为。例如，存在某种先天性的或遗传性的疾病可以堕胎的情形属于为了身体健康，而女孩在遭受他人非法侵犯所导致怀孕可以堕胎则意味着为了保护受害人的社会生存，如果是基于非医学目的对胎儿性别鉴定后而堕胎，那么就需要禁止，因为违背了自然发展的要求。中国《人口与计划生育法》中集中规定了对于基于非医学目的对胎儿性别鉴定的禁止。2003年国务院颁布的部门规章《关于禁止非医学需要的胎儿性别鉴定和选择性别的人工终止妊娠的规定》中也明确了严禁出于性别选择目的的堕胎行为。但是，这并没有根绝"反常堕胎"现象。

伴随社会快速发展变化，性矜持观念淡漠和避孕药具普及，意外怀孕和人工流产的妇女日益增多。生活中进行堕胎的不仅有已婚妇女，还有越来越多的年轻未婚女子。正规医院和医生不从事堕胎手术，一些条件恶劣的"黑诊所"、私人诊所就开始推销堕胎和性病治疗业务，进行欺诈性的广告宣传。目前，婚前同居或婚前性行为已成为公开的秘密，高校附近的小宾馆和日租房的日益增多便是一种例证，将近6成的女大学生对婚前怀孕持包容态度。与此同时，有超过一半的人认为，自己目前正在谈的对象

---

① 梁洪霞：《我国限制妇女堕胎立法的评估与反思》，载《时代法学》2017年第4期。

不一定是以后要结婚的对象。性解放思潮的泛滥，加之性知识的缺乏，使得未婚女性堕胎行为日益增多，严重损害了身体健康。在近年引起较大社会反响的一些影视作品中，屡屡出现少女堕胎情节，使青少年误以为放纵是青春的主旋律，甚至会产生"无堕胎不青春"的幻觉。其实，堕胎所涉及的是人对生命的态度，而不仅仅是做个医学手术那么简单，也并不仅仅是涉及生育权与选择权之争的常规知识，"敬畏生命还是漠视生命？"才是堕胎行为所真正关涉到的意义问题。婚姻伦理所要保护的是正常堕胎，因为它关涉到人类整体的幸福和境界；但是对于反常堕胎，则希望尽力避免，它不仅伤害胎儿，还伤害母体和社会。无论堕胎技术多么先进，总会给行为主体留下身体上的、心理上的和道德上的阴影。"无堕胎不青春"是对青年成长方向的误导，堕胎并不能通过事后承担法律责任得到完全补救，因为堕胎是一种人身性行为，无法恢复原状。环境的宽容和他人的宽恕无法弥补自身所承受的生命之重，对于堕胎，事先预防胜过事后治理。

（三）法律治理——"婚姻法"

现代社会无疑是法治社会，即法律成为社会治理的主要手段。法是立法形式规定的表现统治阶级意志的行为规则和为国家认可的风俗习惯和公共性规则的总和，它是由几个不同层面所构成的共同体："（1）法是抽象、概括和确认现实和预期社会关系的产物和表现；（2）法是在各种社会关系及其主体之间划分与配置利益的体系；（3）法是确保社会各主体的生活安全与参与社会自由度的秩序；（4）法是以主权立法的形式确认和表现的系统化的行为准则；（5）法是揭示和描述诸主体行为准则的法律文本和判例的总和；（6）法是能够被适法者在程序之中适用的法律原理和社会规范。"[①] 法具有引导作用、规范作用、调整作用和指示作用。法学理论、法律规定、法律实践是"法现象"

---

① 李道君：《法的应然与实然》，山东人民出版社2001年版，第13页。

的三项内容，法学理论起创新作用、法律规定起调整作用、法律实践则起体现作用，其中的法律规定是最为刚性和主要的部分，因为它直接体现了公共意志。从人类法律发展史来看，主要出现过中华法系、大陆法系、英美法系、印度法系、伊斯兰法系等法律体系。如果将法分为公法和私法两类，可以将婚姻法归属于私法范围，它调整的是个体配偶之间的人身关系和财产关系。整个来看，世界上婚姻法规定的主流是好的，但就对婚姻实践的影响来看，却也并非十分完善。对契约婚姻理念的认可、对同性恋变异行为的承认、对婚姻自由原则可能引发的婚姻滥用估计不足，很可能引发现实中的婚姻问题。而婚姻问题的出现，还往往与当事人刻意规避法律规定有关。

由于不同国家、不同民族、不同信仰的客观存在，导致婚姻家庭习俗、婚姻家庭结构、婚姻家庭模式各有特点，因此，在婚姻立法方面就呈现出多姿多彩的局面。在伊斯兰法系的国家里，允许一夫多妻，19世纪中期以来，其各部门法进行了比较大的改革，但婚姻、家庭、继承等法律领域却变化不大，直到20世纪仍然实行有条件的一夫多妻制。除伊斯兰法系国家以外，无论是东方还是西方，无论是古代还是近现代，法律都明文禁止一夫多妻，认定重婚是犯罪。在对待婚外两性关系问题上，1992年伊朗曾通过惩罚婚外恋的法律，妇女婚外恋可能会被司法官员判处死刑，而在如澳大利亚等个别西方国家却制定有同居法，使夫妻一方与合法配偶以外的第三人的同居生活为合法。同为西方发达国家，在有些国家，总统与第三者的两性关系会危及总统的宝座，而在另一些国家，总统和政府官员即使与第三者有了非婚生子女，人们也能够接受。[①]

夏吟兰教授将美国婚姻家庭法律制度近30年来的新变化，归纳为五个方面。（1）结婚条件弹性化。除正式婚姻外，许多州的法律在一定程度上承认普通法婚姻、推定婚姻、同居婚姻、

---

① 叶英萍：《婚姻法学新探》，法律出版社2004年版，第22页。

不容反悔的婚姻等非正式婚姻,婚姻和家庭的概念已有所变化。(2) 对子女权利法律保护的全面化、系统化。一方面,非婚生子女取得了与婚生子女完全相同的法律地位;另一方面,法律对子女的权利实行全方位的保护。以美国"州法律全国统一委员会"为例,先后制定了《统一子女监护法》《统一父母身份法》《统一互惠抚养费强制执行法》《统一互惠抚养费强制执行法修正案》等各种法律规范,并在各州得到认可和实施。(3) 妇女流产合法化。1975年,美国最高法院首次通过判例承认妇女有流产的权利,规定各州有权制定法律确立实施流产的条件,使妇女流产合法化。(4) 离婚条件无过错化。始自20世纪60年代末的离婚革命席卷全美,到1985年,所有的州都抛弃了纯粹的过错离婚主义,而实行无过错离婚制度。但过错理由仍然作为婚姻破裂的标志,在20个州或多或少地保留下来。(5) 离婚时财产分割公平化。无论实行夫妻共同财产制的州或实行夫妻分别财产制的州,绝大多数的州在离婚时均以公平正义为其基本理念,对婚姻财产实行公平分割,以充分保护当事人双方的利益,达到公平合理的目的。① 这反映出美国法律对传统家庭和非传统家庭的一体保护。传统家庭是由血缘和婚姻所构成的关系,包括夫妻、父母和子女,非传统家庭则包括非婚同居、同性恋婚姻、同居婚姻、亲权和非婚生子女,单亲父母收养、同性恋父母收养以及在解除婚姻关系时与决定对子女的监护权相关的性倾向问题。在美国未婚同居并不违法,当事人通常可以居住在他们愿意居住的任何地方。有些地方法规禁止三个以上无亲属关系的人合住同一别墅或同一单元,但这一规定并不适用于两人同居,有些州对同性恋和通奸行为有禁止性规定,但绳之以法者绝无仅有。②

---

① 夏吟兰:《美国现代婚姻家庭制度》,中国政法大学出版社1999年版,第2~3页。

② 夏吟兰:《美国现代婚姻家庭制度》,中国政法大学出版社1999年版,第5~9页。

第一章　现代社会特质的婚姻影响

　　凯特·斯丹德利是英国家庭法的研究专家。他说:"尽管离婚是一个世界性的现象,英国却是离婚率最高的国家之一。实际上英国位居欧洲联盟离婚率之首。在英格兰和威尔士每年都有超过 14 万例的离婚案件。……从结婚到离婚平均时间长度为 9—10 年。由于大约 40% 的婚姻以离婚告终,许多夫妇和儿童都经历过离异。有时候这种离异会对离异者和他们的孩子造成极大的痛苦。它还能够在情感和金钱上对家庭产生相当大的影响。"[①] 关于高离婚率的原因,凯特·斯丹德利指出:"离婚率这种现象产生的原因很复杂。更大的社会流动性,妇女的解放,对离婚的社会认可,组建和谐家庭的愿望,社会自由程度的上升,对婚姻和同居态度的转变无疑都成为重要的因素。同时宗教和婚姻神圣的教会观念侵蚀的衰退也有影响。离婚法本身也可能对离婚率产生影响,如英国法对于离婚的条件是:不可挽回的婚姻破裂是离婚的唯一基础。'不可挽回的婚姻破裂是离婚的唯一基础(第 1 条第 1 款),但其是以证明以下五事实中的一个或多个确立的(第 1 条第 2 款):(a) 被告犯有通奸罪,并且原告觉得无法忍受和被告生活在一起;(b) 被告的行为方式让原告无法正常的和其生活;(c) 在原告向法庭陈述之前,被告遗弃原告至少持续 2 年;(d) 法庭陈述前,婚姻双方已经分居最少持续 2 年;并且被告同意法院的判决;(e) 原告向法庭陈述前,婚姻双方已经分居至少持续 5 年。'[②] 离婚法的每一次变动和更加自由的离婚法律的引进,导致离婚案例的数量也在上升。"[③] 其中对于"(b) 被告的行为方式让原告无法正常的和其生活"中的"被告的行为方式",人们的理解多种多样,而判决结果则是五花八门。

---

[①] 〔美〕凯特·斯丹德利:《家庭法》,屈广清译,中国政法大学出版社 2004 年版,第 127 页。

[②] 〔美〕凯特·斯丹德利:《家庭法》,屈广清译,中国政法大学出版社 2004 年版,第 151~152 页。

[③] 〔美〕凯特·斯丹德利:《家庭法》,屈广清译,中国政法大学出版社 2004 年版,第 127 页。

凯特·斯丹德利对此进行了列举。行为之一：妻子以其丈夫不合理行为为理由请求离婚。她认为其丈夫对她是独断的、专横的。她说她是脆弱的，而且在过去的20年婚姻生活中充当了一个消极的角色，将她的个人爱好抛在一边直到孩子们成年。妻子认为她丈夫是迟钝的，从不带其外出，甚至在孩子离开家后，他们竟无话可谈，也没有共同语言。郡法院的法官驳回了她的请求，但上诉法院承认了其上诉请求并给出了判决，因为郡法院法官使用了客观检验，而正确的检验是主观检验。行为之二：妻子诉其丈夫离婚。妻子陈述说其丈夫有着孤僻的性格，曾怀疑孩子的血统，并花了2年时间来改造这一公寓，包括混合卧室地板上的水泥，并使电梯关闭了近8个月。这导致了离婚判决。行为之三：妻子指控其丈夫是一个暴力、消极、性欲极强、具有偏见、嗜酒而阻止其去教堂的人。丈夫对此否认。上诉法院强调英国离婚法允许被告反对离婚并要求原告对其指控作出证明；上诉法院认为初审法院未对不合理行为或其他类似行为作出正确的检验，因此，在该案中上诉法院并未作出判决。行为之四：丈夫起诉，指控妻子是一个癫痫病患者，而且受严重精神错乱的折磨，并且她晚间无法入睡、脾气暴躁，向其丈夫抛东西，并常在街上漫游而令其丈夫紧张压抑。他全日工作，发现很难去照顾她，并且因她而产生紧张影响了他的健康。法官对此进行了判决，让他们再共同居住一段时间，以后再斟酌如何处理。这四种"行为方式"及其判决结果虽然不能代表全部，但是代表了对作为确定"离婚的基础"——"不可挽回的婚姻破裂"的五种根据之一，而且这种根据又是如此多样，而法官的认知与判决也各不相同。"灵活而具体"是英美法的优点，但从婚姻伦理角度分析，则可能会由于这种"灵活而具体"而使离婚变得具有随意性。本来可以通过医疗、心理干预等手段化解的婚姻问题却交给了法庭去判决，这会在某种程度上刺激离婚诉讼，导致婚姻不稳定性上升。

中国婚姻法迄今为止经历了三次变化，即1950年3月3日政务院第二十二次政务会议通过、1950年4月13日中央人民政府委员会第七次会议通过的《中华人民共和国婚姻法》，1980年9月10日第五届全国人民代表大会第三次会议通过、1980年9月10日中华人民共和国全国人民代表大会常务委员会委员长令第9号公布的《中华人民共和国婚姻法》，1980年9月10日第五届全国人民代表大会第三次会议通过、根据2001年4月28日第九届全国人民代表大会常务委员会第二十一次会议《关于修改〈中华国人民共和国婚姻法〉的决定》修正的《中华人民共和国婚姻法》。其中，对现实婚姻伦理存在较大影响的，主要是"婚姻自由"原则和"夫妻财产"制度。

在上述这几部不断进步的婚姻法中，均有关于"婚姻自由"原则的规定。[①] 婚姻自由原则是人类婚姻走向文明的体现，它是对婚姻的保护而不是伤害。如果婚姻当事人对婚姻自由原则加以滥用，就会违背对文明婚姻制度设计的初衷，而这样的例证在实际生活中并非不存在。符合法定事由的结婚、离婚、再结婚、再离婚对于法律来说属于正常，但对于伦理来说，如果不存在合理的伦理理由而只是为一种猎奇心理所驱使，那么就不能不说是一种需要社会矫正的现象。新中国的婚姻自由原则源于1931年的《中华苏维埃共和国婚姻条例》，1950年的婚姻法在此基础上制定，当时对"婚姻自由"原则的讨论和慎重汲取，反映了对该原则使用效果的预先的客观分析。《中华苏维埃共和国婚姻条例》规定了基本原则，即废除封建的包办婚姻和买卖婚姻制度，

---

[①] 1950年婚姻法第2条规定："实行婚姻自由、一夫一妻、男女平等的婚姻制度。"第3条规定："禁止包办、买卖婚姻和其他干涉婚姻自由的行为。禁止借婚姻索取财物。禁止重婚。禁止家庭成员间的虐待和遗弃。"1980年婚姻法第2条规定："实行婚姻自由、一夫一妻、男女平等的婚姻制度。保护妇女、儿童和老人的合法权益。实行计划生育。"2001年修订的婚姻法第2条规定："实行婚姻自由、一夫一妻、男女平等的婚姻制度。保护妇女、儿童和老人的合法权益。实行计划生育。"第3条规定："禁止包办、买卖婚姻和其他干涉婚姻自由的行为。禁止借婚姻索取财物。禁止重婚。禁止有配偶者与他人同居。禁止家庭暴力。禁止家庭成员间的虐待和遗弃。"第4条规定："夫妻应当互相忠实，互相尊重；家庭成员间应当敬老爱幼，互相帮助，维护平等、和睦、文明的婚姻家庭关系。"

实行男女婚姻自由、一夫一妻、男女权利平等，保护妇女和子女的利益，其第 9 条规定："确定离婚自由，凡男女双方同意离婚的，即行离婚。男女一方坚决要求离婚的，亦即实行离婚。"针对要不要把这一条写进正在起草的 1950 年的婚姻法，产生了不同意见。不同意写入 1950 年婚姻法的意见的顾虑是："一种顾虑认为婚姻是人生大事，怕离婚太自由了不利于社会稳定。特别是在农村，离婚自由了，必定要触动到一部分农民的切身利益，他们必然将成为反对派；另外一种顾虑是当时形势发展很快，马上就要进城了，怕进城以后，一些干部以'离婚自由'为借口，另有新爱，把农村的原配抛弃了。"[①] 同意写入 1950 年婚姻法的意见的理由是："当时无论在城市和农村，提出离婚要求的话解除订婚婚约的，主要是妇女。这是由于一部分妇女在家庭中遭受非人生活，所逼迫出来的不得已的结果。所以，从这个角度讲，'一方坚持离婚可以离婚'，实际上是反映了绝大多数受迫害妇女的意愿，保护了她们的利益。"[②] 不同意意见反映的是对稳定性的重视；同意意见反映的是对革命成果的维护。离婚自由原则的确定摧毁了封建的包办、强迫与买卖的婚姻制度，把男男女女尤其是妇女从旧婚姻制度这条锁链下解放出来，建立了一种崭新的合乎新社会发展的婚姻制度。这种婚姻制度通过在以后的婚姻法中的屡次修订，很好地发挥了推动社会婚姻文明进步的作用，但是"极端利己主义、个体享受主义、金钱崇拜主义"却设法规避婚姻法规定，将离婚自由原则的合理精神误读为"离婚随意主义"，导致离婚率大幅度提升，这并不利于社会稳定文明进步。"婚姻自由"原则是现代世界文明婚姻制度的重要组成部分，是婚姻法应该坚持的婚姻原则；但对于具体的婚姻当事人、社会成员

---

① 黄传会：《天下婚姻——共和国三部婚姻法纪事》，文汇出版社 2004 年版，第 42 页。

② 黄传会：《天下婚姻——共和国三部婚姻法纪事》，文汇出版社 2004 年版，第 45 页。

## 第一章 现代社会特质的婚姻影响

个体来说，关键是应对其有一个全面完整、真实正确的理解。

婚姻财产制又称夫妻财产制，它是关于夫妻婚前财产、婚后财产以及离婚财产的占有、收益、使用、处分等行为的法律制度。由于它关涉到抚养、扶养、赡养等方面的生活义务，因此是夫妻共同生活中不可缺少的财产制度。从世界各国立法例来看，主要采取了四种形式，即可统一财产制、联合财产制、共同财产制、分别财产制。如果依照法律规定对具体财产属性进行划分的话，则可以将夫妻全部财产分为法定财产、约定财产和特有财产三种类型。我国婚姻法关于财产制度的上述规定，采取的是一种法定财产制与约定财产制相结合的制度。[①] 法定财产制具有稳定性，约定财产制具有灵活性，对婚姻来说，法定财产制有利于促进家庭一体观念形成，而约定财产制则导致家庭中分别概念的强化。从婚姻生活实践看，约定财产制主要是针对非首次婚姻而设立的，婚前联系的财产关系以及通过关系的明确约定，能够减少非首次婚姻主体之间以及他们所来源的家庭彼此之间的潜在矛盾和冲突，维持家庭和睦、家族和谐。但是对于首次婚姻主体而言，其所生发的作用就迥然不同，很有可能由于财产的约定而导致财产的分别、生活的分割、感情的分裂，导致有名无实的"形式家庭"产生。婚姻关系可以分为"结婚、在婚、离婚"三个时段，婚姻法

---

① 《中华人民共和国婚姻法》第17条规定："夫妻在婚姻关系存续期间所得的下列财产，归夫妻共同所有：（一）工资、奖金；（二）生产、经营的收益；（三）知识产权的收益；（四）继承或赠与所得的财产，但本法第十八条第三项规定的除外；（五）其他应当归共同所有的财产。夫妻对共同所有的财产，有平等的处理权。"第18条规定："有下列情形之一的，为夫妻一方的财产：（一）一方的婚前财产；（二）一方因身体受到伤害获得的医疗费、残疾人生活补助费等费用；（三）遗嘱或赠与合同中确定只归夫或妻一方的财产；（四）一方专用的生活用品；（五）其他应当归一方的财产。"第19条规定："夫妻可以约定婚姻关系存续期间所得的财产以及婚前财产归各自所有、共同所有或部分各自所有、部分共同所有。约定应当采用书面形式。没有约定或约定不明确的，适用本法第十七条、第十八条的规定。夫妻对婚姻关系存续期间所得的财产以及婚前财产的约定，对双方具有约束力。夫妻对婚姻关系存续期间所得的财产约定归各自所有的，夫或妻一方对外所负的债务，第三人知道该约定的，以夫或妻一方所有的财产清偿。"

对结婚、在婚阶段的财产关系进行了设计，同时主要是通过司法解释，对离婚阶段的财产关系处理也作了详细规定。① 中国法律关于婚姻法目前共有三个司法解释，它们所要着力解决的问题不同。第一个司法解释突出了对婚姻效力的认定，第二个司法解释侧重于对夫妻关系存续期间财产范围的规定，第三个司法解释则主要是解决离婚过程中所面临的具体问题。这三个司法解释，均未曾离开对财产问题的关注，而且对财产归属、范围、种类规定得越

---

① 最高人民法院《关于适用〈中华人民共和国婚姻法〉若干问题的解释（一）》（2001年12月24日最高人民法院审判委员会第1202次会议通过；自2001年12月27日起施行）第17条规定，"婚姻法第十七条关于'夫或妻对夫妻共同所有的财产，有平等的处理权'的规定，应当理解为：（一）夫或妻在处理夫妻共同财产上的权利是平等的。因日常生活需要而处理夫妻共同财产的，任何一方均有权决定。（二）夫或妻非因日常生活需要对夫妻共同财产做重要处理决定，夫妻双方应当平等协商，取得一致意见。他人有理由相信其为夫妻双方共同意思表示的，另一方不得以不同意或不知道为由对抗善意第三人"。第19条规定，"婚姻法第十八条规定为夫妻一方所有的财产，不因婚姻关系的延续而转化为夫妻共同财产。但当事人另有约定的除外"。最高人民法院《关于适用〈中华人民共和国婚姻法〉若干问题的解释（二）》（2003年12月4日最高人民法院审判委员会第1299次会议通过；自2004年4月1日起施行；2017年2月20日修正）第8条规定，"离婚协议中关于财产分割的条款或者当事人因离婚就财产分割达成的协议，对男女双方具有法律约束力。当事人因履行上述财产分割协议发生纠纷提起诉讼的，人民法院应当受理"。第10条规定，"当事人请求返还按照习俗给付的彩礼的，如果查明属于以下情形，人民法院应当予以支持：（一）双方未办理结婚登记手续的；（二）双方办理结婚登记手续但确未共同生活的；（三）婚前给付并导致给付人生活困难的。适用前款第（二）、（三）项的规定，应当以双方离婚为条件"。最高人民法院《关于适用〈中华人民共和国婚姻法〉若干问题的解释（三）》（2011年7月4日最高人民法院审判委员会第1525次会议通过）第4条规定，"婚姻关系存续期间，夫妻一方请求分割共同财产的，人民法院不予支持，但有下列重大理由且不损害债权人利益的除外：（一）一方有隐藏、转移、变卖、毁损、挥霍夫妻共同财产或者伪造夫妻共同债务等严重损害夫妻共同财产利益行为的；（二）一方负有法定扶养义务的人患重大疾病需要医治，另一方不同意支付相关医疗费用的"。第5条规定，"夫妻一方个人财产在婚后产生的收益，除孳息和自然增值外，应认定为夫妻共同财产"。第7条规定，"婚后由一方父母出资为子女购买的不动产，产权登记在出资人子女名下的，可按照婚姻法第十八条第（三）项的规定，视为只对自己子女一方的赠与，该不动产应认定为夫妻一方的个人财产。由双方父母出资购买的不动产，产权登记在一方子女名下的，该不动产可认定为双方按照各自父母的出资份额按份共有，但当事人另有约定的除外"。

来越详细，它们是根据婚姻不断发展的时代特点所制定的，能够提升婚姻司法实践水平。但从婚姻伦理视野分析，这样细致的规定却正是夫妻相互信任不足的表现。"物质主义、分离主义、个原主义"是现代社会婚姻危机的主要表现形式之一，任何规定都应当对此进行规范、梳理和超越，唯有如此才能提升婚姻法律意识和婚姻伦理素质。价值合理性是法律的灵魂，工具合理性是法律的载体，价值合理性与工具合理性的统一、制定法与自然法的一致，是法律作为普遍性的"社会调控器"发挥自身功用的重要保障。

## 三、总括性的婚姻影响

市场经济、科技革命、法律治理是现代化建设过程中所面临的三个主要特点。它们给婚姻发展带了许多积极影响，使婚姻变得物质方面更为富足、生育方面能够自主掌控、离合方面更有制度保障，同时在所带给的婚姻意识、婚姻制度、婚姻行为等方面一系列新变化中存在某些消极因素。如果站位于人类共同体高度看，这些消极变化不适宜促进人类生存、发展和繁衍；如果站位于家庭共同体而言，很容易使家庭出现貌合神离、分崩离析的痛苦局面；如果仅从个体角度观察，则会使个体太过关注于自身而无法很好地甚至根本无法履行生儿育女等婚姻生活的天职。

婚姻危机或者说婚姻问题并非仅存在于现代社会，在不同历史时期的不同地域不同部族里曾有多种多样的奇特表现，但在现代社会，避免婚姻领域不良现象，则更容易促进文明程度的提升。就历史发展阶段而言，目前人类已经进入或正在迈向现代时期，"文明社会"是其主要发展目标。文明社会是全面文明的社会，不仅包括物质文明、精神文明、生态文明，还包括家庭文明、民族文明、人类文明，以及社区文明、国家文明、自然文明。婚姻文明属于家庭文明的一种，同时它又与其他文明"量子纠缠"，是一种比较根本的处理两性关系的文明样态，因此应当使其保持现代时期应有的"现代文明婚姻理想形态"而不是再让其退回到过去时代的婚姻形态之中。虽然目前世界上仍并存有各种婚姻样态,但主流和趋势应当向现代婚姻模式转化。现代婚姻模式未必能够实现与婚姻普遍物的全部契合,但现代婚姻模式却是无限接近婚姻普遍物的婚姻形态。

  市场经济、科技革命、法律治理不仅是历时性概念,也是共时性存在,它们既是具象又是抽象,既是现象又是本质,既是质料又是形式,既是内容又是方法,既是目标也是措施,既是主体又是对象,由于婚姻当事人对这三个现代社会主要特质的认知存在差异,因此出现了某些婚姻问题或婚姻危机。其中有些婚姻危机是从人类之始延续至今的,有的则是现代时期独有的。通过对这些危机进行梳理而将缺席的或不足的伦理道德迎回,使婚姻伦理始终"在场",是婚姻文明建设工程的必然要求,也是人类挺立于天地之间的重要保障。那么,就婚姻领域而言,现代社会的婚姻危机主要有哪些表现呢?

# 第二章　现代社会婚姻危机的表征

何谓"婚姻"？婚姻的概念多种多样。E. A. 韦斯特马克认为："婚姻，通常被作为一种表示社会制度的术语。因此，可以给它下这样一个定义：得到习俗或法律承认的一男或数男与一女或数女相结合的关系，并包括他们在婚配期间相互所具有的以及他们对所生子女所具有的一定的权利和义务。这些权利和义务因民族而异，故而不能全都包括在一个通用的定义之中。不过，各个民族又必然有着某些共同的东西。"[1] 婚姻是极其重要的社会现象。张中行说："婚姻，古今都当作人生的一件大事。大，因为影响生活过于深远。深远，限于己身，是一生的苦乐都与这件事密切相关。还可以扩张到己身之外，古人明说，是延续香烟（说朴素些就是传种）；今人很少明说，可是有的希望多生，有的节育，却把所生供奉为小祖宗，等于间接表示，延续香烟是超级大事。于是婚姻也就成为超级大事。但是我们也要知道，婚姻成为大事，是社会生活模式决定的。这就是说，没有婚姻的形式，人也能活，香烟也能延续。也能，社会为什么来多管闲事？所为不止一项。第一，变男女结合的轻易为郑重，显然，这对个人的生活，对社会的秩序，都会有很大好处。第二，婚姻是家庭的奠基形式，至少是直到现在，家庭还是社会的最基本的单位，所以没有婚姻，现代形式的社会根基就会动摇。第三，由家庭的组织引申，影响有内涵的，是建立了一体的经济关系，用俗话说

---

[1] ［芬兰］E. A. 韦斯特马克：《人类婚姻史》（第一卷），李彬、李毅夫、欧阳觉亚译，刘宇、李坚尚、李毅夫校，商务印书馆2015年版，第35页。

是有福同享，有罪同受；影响有外向的，是依法律和礼俗，排斥外人阑入两性关系。第四，影响还扩展到身后，是婚姻的一方先离开这个世界，财产和债务的处理要以婚姻关系为依据。所以总而言之，对于人的一生，婚姻的影响是最广泛的。"①

何谓"危机"？对于"危机"概念的认知，也是见仁见智。据学者考证，Crisis 这个词来源于古希腊文 κρίσιζ（英文转写为 krisis），本意为"区分、判断"。经由古希腊人、西方"医学之父"希波克拉底（Hippocrates）、医学家兼哲学家伽伦（Galenus）等人的使用，获得新意："疾病的转折点"——按照权威的古希腊文词典 Greek – English Lexicon 的解释："疾病的好转或者恶化的转折点"（Turning point of disease, sudden change of better or worse）的意思。"危机意味着人濒临死亡、游离于生死之间的那种状态；若能妙手回春，病人也许能大难不死，重新回到'生'的状态；如果回天乏力，那么病人就将命归黄泉，离开这个世界。在生死之间、在两个世界之间、在两种状态之间游离，这就是'危机'在本源上的意义。"② "危机"一词在中国大致最早见于《晋书·诸葛长民传》，有"贵必履危机"之句。南朝沈约编撰的《宋书》中有"愿为范式驱，雍容步中；岂效诡遇子，驰骋趣危机"，"密祸自销，危机可免"，"患萌防渐，危机须断"等内容。这里的"危机"基本上都是麻烦和危险的意思。③

伴随着信息化、全球化进程，人们联系日益增多，婚姻危机出现"蝴蝶效应"。任何一项婚姻危机都不是孤立地存在于此时空之中，它同时会对其他时空产生影响；任何个体婚姻的不幸有可能影响到域外民族对婚姻的看法。婚姻危机具有蝴蝶效应、涟

---

① 张中行：《顺生论》，中华书局 2006 年版，第 175 页。
② 孙志明：《对危机概念和危机属性的哲学思考》，载《国际关系学院学报》2012 年第 2 期。
③ 赵纪河、陈啸：《社会危机概念及其特征探析——基于马克思主义哲学的研究视域》，载《理论建设》2017 年第 5 期。

漪效应、连锁效应，它具有极大的穿透力、辐射力、影响力，它直接作用于婚姻观念、婚姻行为和婚姻风俗，从终极意义上看，它影响"婚姻至善境界"的实现。通过对婚姻家庭原理的探索性分析思维进路，我们发现，现代婚姻危机主要体现于"婚姻主体、婚姻过程、婚姻结果"危机三个方面。

## 一、"婚姻主体"危机

所谓婚姻主体，是指有权从事婚姻行为的当事人。严格来说，婚姻主体只有两个，即男人和女人。人若要成为婚姻主体，必须具备身体、社会和文化等条件。

身体条件要求的是健康、年龄和心智。健康而不影响婚姻生活的体质是第一位的，因为婚姻的原始动机主要是为了人类繁衍。同时，年龄也是重要因素，超出生育期之外的过小或过大的年龄所成就的婚姻未必能真正完成婚姻全部功能。具体来说，年少者的婚姻能迅速完成繁衍人类的使命，但是对于婚姻主体双方来说，却未必能在婚姻中实现自身完善，而年老者之间的相互结合与其说是婚姻，毋宁说是为了实现"相互照顾"而进行的婚姻式联合。心智虽然经常是作为一种被忽略的背景性要求而存在，但其却时刻在发挥作用，它是事关婚后婚姻是否稳定的重要因素。男人和女人的心智准备不同，男人的成熟心智表现为敢于承当起保护和供养未来一家人的重任，而女人的成熟心智则表现为敢于生育子女并将其抚育成人，没有这种成熟心智而匆忙进入婚姻殿堂的人很容易遭遇婚姻危机。婚姻主体在身体方面的危机主要表现在：健康状况不能保证百分之百属实，年龄过小，心智方面缺乏必要的成长准备。

社会条件也是成为婚姻主体的要素。因婚姻主要是社会产物，因此男女是否能够成为婚姻主体，还受到社会相关因素的影响。它也包括三个方面，即风俗、同意和财产。

风俗在这里用以指称社会所对待婚姻的态度和习惯是究竟采用禁欲主义、纵欲主义还是适度主义。在人类历史的某个片段、某个地区、某个团体中，如果存在禁欲态度和习惯，恰好某个个体又是其中的在场者，那么这个个体就很容易偏离真正的婚姻世界；纵欲主义属于以自我为中心的无节制状态，在此情况下婚姻存在的实质意义不大，很可能导致大面积单亲家庭诞生；只有采用适度主义习俗，即对婚姻本能进行合理管理和有效引导，使之为社会整体所接受，个人才能成为真实的婚姻主体。禁欲主义使婚姻存在成为不可能，纵欲主义使婚姻成为不必要，而只有适度主义才能使婚姻产生、持续和进步。

但是，仅仅拥有适度主义的风俗还是不够的，个体如果要成为婚姻主体，还需要满足社会中具体婚姻制度所规定的条件，这可以用社会"同意"一词来指称。例如，中国现行婚姻法对结婚条件或社会能够同意的结婚条件的规定是：（1）结婚必须男女双方完全自愿，不许任何一方对他方加以强迫或任何第三者加以干预。（2）结婚年龄，男不得早于二十二周岁，女不得早于二十周岁。晚婚晚育应予鼓励。（3）有下列情形之一的，禁止结婚：①直系血亲和三代以内的旁系血亲；②患有医学上认为不应当结婚的疾病。（4）要求结婚的男女双方必须亲自到婚姻登记机关进行结婚登记。符合本法规定的，予以登记，发给结婚证。取得结婚证，即确立夫妻关系。未办理结婚登记的，应当补办登记。（5）登记结婚后，根据男女双方约定，女方可以成为男方家庭的成员，男方可以成为女方家庭的成员。（6）有下列情形之一的，婚姻无效：①重婚的；②有禁止结婚的亲属关系的；③婚前患有医学上认为不应当结婚的疾病，婚后尚未治愈的；④未到法定婚龄的。中国香港地区的结婚基本条件是："综合本地婚姻法律，结婚的基本条件大致有3项：1.结婚任何一方必须是单身；2.结婚双方必须是一女一男；3.结婚双方必须年满16周岁。"[①]这些以及其他国家或地区的法律规定都属于社会"同意"行为，

---

① 赵文宗、李秀华、林满馨：《中国内地、香港婚姻法实务》，人民法院出版社2005年版，第2页。

社会同意一般是通过"法律"来准许的。只有个体达到了这些规定或要求，才能成为为社会所承认的合法夫妻。

财产一般很少提及，现实生活是离开必要的物质条件难以生存和发展，但财产作为结婚的条件却鲜见于法律规定，毋宁说它是一种婚姻生活经验层面的事实总结。财产即物质财富，是个体及其以后的婚姻生活所必需的生活资料并以此为基础而形成的生产资料、消费资料，这种财产多半来源于所在原初家庭的积累，同时也有亲朋好友的善意赠与，其数量未必巨大，主要是有安居之所和锅碗瓢盆等生活资料，因为婚姻是另一期生命的新开始，"天地氤氲、万物化生"（《周易·系辞》），因此需要具备基本物质条件。婚姻物质财富的限度以能满足饮食与男女的基本需要即可，其可能的来源分别是家庭、社会和国家。对于婚姻前及婚姻后的物质财富的渴望，必然会存在一个适当限度，虽然这个限度是处于动态变化之中。女人是男人的心灵导师，男人是女人的护花骑士，如果女人不盲目扩大自身及家庭在物质方面的实际需求，而男人又不以照顾家人或提升自身社会竞争力等事由而无限地聚集财富，那么婚姻所需要的物质财富必然会合理适度。

现代社会婚姻主体危机在"风俗"方面的表现是，对禁欲、纵欲、适度等风俗的意识模糊或认识不清，导致个体婚姻行为缺场、乖张或多变；在"同意"方面的表现是，以偏概全，将非常态婚姻当作常态婚姻并以抽象人权理论来主张变性甚至同性婚姻的合法性，将这种在社会中所占比例甚微的特殊例证当作时髦或风尚追逐；在"财产"方面的表现是婚姻成本日益高昂而又无明确合理的财产标准界定，致使适龄婚姻主体信心受挫、降低婚姻期待或回避婚姻生活。

## 二、"婚姻过程"危机

当婚姻主体具备了进入婚姻殿堂的条件后，婚姻过程就开始了。婚姻过程包括三个环节，即知婚、订婚和成婚。"知婚"在这里用来指称婚姻主体的相互认识阶段，订婚是指男女双方确定婚姻关系阶段，而成婚则是指男女两性结合而进入婚姻世界。这个婚姻过程是两个相互独立的异性生命从分离到接近、再由接近到和合的发展过程，其间既有自然因素的参与，也有社会因素和人文因素的介入，现代社会的婚姻过程中也蕴含着种种危机。

（一）婚姻媒介：媒人对"普遍物"的远离

"知婚"阶段最核心的要素是使男女双方相互认知。男女双方在相互认知之前，他们彼此之间的关系状况有三种，即相互陌生、相互认识和相互熟悉。如果男女双方居住地相距十分遥远，在成长过程中又没有相遇的机会，那么彼此之间很可能就是一无所知，仅仅处于陌生人状态，但是如果因为同住一个村落或一座城市，或者在旅途中曾经见面，那么彼此之间就会处于认识状态，认识状态仅仅属于知道姓名的阶段，对于彼此之间的实际情况并不了解，因此并不属于熟悉状态。熟悉状态意味着彼此之间比较了解但绝非无所不知，既可能由于居住地在一起，也可能因为具有共同的工作经历或通过现代通信技术而彼此了解。处于这三种状态中的男女个体，如果要从一般关系发展为恋爱关系，往往需要通过一定的媒介才能实现。对媒介的需要程度，与之前的熟悉程度成反比。陌生状态的男女，最需要媒介；认识状态的男女，比较需要媒介；熟悉状态的男女，对媒介的需要一般。

婚姻媒介即婚姻的中介。它有多种类型。以属性为分类依据，可以分为自然媒介、社会媒介和人为媒介。自然媒介是指由于某种偶然发生的自然事件而将男女个体的一般关系升华为恋爱关系；社会媒介则是由于某种社会活动的发生而将彼此联系在一起；人为媒介是基于其他个体人所起的桥梁作用而相互确定恋爱关系。以时间为依据，可以将媒介分为短期媒介、长期媒介和永恒媒介。短期媒介是指在男女确定恋爱关系中暂时发挥作用但旋即离开的媒介；长期媒介在当事人确认恋爱关系之时及其后一段时间即直至结婚都在场的媒介；而永恒媒介是不仅在当事人确认恋爱关系时在场，而且在结婚以及婚姻存续期间都一直相伴随的媒介。以载体为依据，可以将媒介分为生物媒介、物体媒介和技术媒介。生物媒介包括植物媒介、动物媒介、人类媒介等内容，即用植物及其果实或花朵作为中介，动物媒介即使用动物、宠物或其组成部分作为中介，或者由人出面作中介；物体媒介即是用生活中一切可以被欣然接受的生活物品、生产资料、娱乐材料等作为媒介，比如说一条手帕或一支钢笔；技术媒介是借用智力成果的设计、开发、转让、服务、交流、学习等活动作为中介，比如说在农业技术研究和推广过程中相互认识，或通过共同开发通信技术而互相联络。以行动为媒介，可以分为主动媒介、被动媒介和待动媒介。主动媒介是指男女个体自觉地去寻找、追求和探索而形成的媒介；被动媒介与此相反，它是指男女个体处于静止而无助状态，而由其他力量主动找来进行介绍对象的情况；而待动媒介则是用来指谓男女个体自身处于正在寻找媒介的过程之中，而此时正好有媒介登上门来，从而实现恋爱愿望与客观机遇的有效结合。以方式为标准，可以将媒介分为心意媒介、语言媒介和行为媒介。心意媒介也可以称为无意识媒介，即仅仅通过眼神等无意识的动作的交流来达到心领神会的目的，无意识的动作往往需要其本身所被赋予的文化含义作为理解的依凭；语言媒介是利用语言作为媒介，由于语言是多种多样的，因此在跨民族、跨地域、跨文化的恋爱关系形成过程中应使用通用的语言或相互约定的语言，以便能正确地表达、理解和交流，语言既可以是书面语言，也可以是口头语言，既可以是口说，也可以是吟唱；行为媒介是以具体的人的有意识的活动作为媒介，比如说以爬山涉海、聚餐喝茶、打球散步、欣赏比赛、观看电影、修桥筑路、共同劳动、网络合作、旅途偶遇等作为媒介。从组成上来说，又可以分为个体媒介、群体媒介和团体媒介。个体媒介是指单个的人通过其个体资源的呈现来实现撮合的目的；群体媒介是指几个人临时组成松散型合伙以热心帮助男女个体；而团体媒介则是通过建构一个比较稳定的公司或组织来进行婚姻介绍的专门服务，例如说婚姻介绍所和网络红娘。

所有这些以及其他分类都属于婚姻媒介范畴，但这些促使男女个体相遇的种种因素，在人类恋爱的历史长河和神圣舞台上，所起的作用并不一样。在现代社会，这些婚姻媒介方式均显性或隐性发挥作用，有的媒介作为背景媒介存在，有的作为道具媒介存在，有的作为演员媒介存在，因此它们所受的关注度并不一样。在现代社会所有婚姻媒介中，有一种婚姻媒介方式最为引人注目，那就是"媒人"，"知婚"阶段婚姻危机的主要表现则与其活动相关。

媒人是主动为婚姻进行牵线搭桥活动的人。古今中外，都有"媒人"存在。关于"娶妻由媒"的最早记载，见于《诗经·豳风·伐柯》。其中有"伐柯如何？匪斧不克；娶妻如何？匪媒不得"字句。《礼记·昏义》记载："礼之大体，而所以成男女之别，而立夫妇之义也。男女有别而后夫妇有义；夫妇有义而后父子有亲；父子有亲而后君臣有正。故曰，昏礼者，礼之本也。"《士昏礼》疏引郑玄《目录》记载，"士娶妻之礼，以昏为期，因而名焉"。按照《仪礼·士昏礼》和《礼记·昏义》记载，一套完整的婚姻礼节有六个步骤，即纳采、问名、纳吉、纳征、请期和亲迎，后世称之为"六礼"①。在这六个阶段，均离不开媒人的作用，尤其在代表婚前礼俗的前三个环节，即"知婚"阶段，媒人作用尤为重要。"俄罗斯人的婚礼习俗是在漫长的历史过程中渐渐形成的，其中有自然环境的因素，但更多的则与其宗教信仰有关。俄罗斯传统的婚俗有一套较为复杂的礼仪，要经过说媒、相亲、订婚、嫁妆、告别和婚礼等几个必要的阶段。说媒：俄罗斯人的传统婚俗通常是从说媒开始的。和中国的说媒差不多，也要选择黄道吉日。一般选在单日，即1、3、5、7、9号等日子，但不能选不吉利的13号。媒人到女家，进屋后先对圣像画个十字再开口。如果女方家同意这门亲事就和媒人一起绕着桌子走3圈，再对圣像画个十字，然后双方商讨相亲的日子，习

---

① 高月娟等编著：《婚嫁礼俗》，中国铁道出版社2015年版，第77页。

惯上安排在七天之内进行。"① 可见，媒人在俄罗斯婚俗中也发挥着重要作用。

现代社会，媒人牵线搭桥的重要作用不可小觑。"在社会不断发展过程当中，信息传播速度也更加迅速，信息传播手段也更加丰富。互联网渗透了人们生活的方方面面，互联网约会使得男女交往更加便捷。但是，很多'网恋'最后都没有修成正果，有的是不愿意在网络上公开自身的因素，有的是害怕网络上出现隐瞒欺骗的行为，还有的认为网络上的信息大多是虚假信息，会浪费太多的时间。网络交友的种种弊端，使得很多人转而投向媒人，更加相信媒人来缔结姻缘。当代，大部分的媒人仍然采用的是比较传统的方式，男女双方应当是具有类似的家庭背景、教育背景，通过媒人来结交朋友被认为是一种远离感情的理性选择。因此，在今天，仍然还有很多人会选择由媒人介绍相亲，从而促成姻缘。"② 这种对媒人所提供帮助的期待给媒人活动提供了时机，绝大部分媒人在从事婚姻媒介活动时是真诚的、善良的和值得肯定的，但也有个别媒人或婚姻媒介活动违背职业伦理要求，成为"恶媒"③。"贪财、作局、诱骗"等不良婚姻介绍行为并非已经销声匿迹，这些不良行为使媒人距离自身"普遍物"要求日加遥远，本应给广大适婚人群带来终生幸福的职业却给人凭空增添了无谓的痛苦。因此，在媒人从事婚姻中介的领域，特别需要道德层次和伦理境界的进步和提升。

---

① 吕轶：《俄罗斯人的婚礼习俗》，载《安徽文学》2009年第7期。
② 聂巍巍：《媒人与文化渊源》，载《科教导刊》2016年第11期。
③ 媒人分"官媒"和"私媒"，私媒多由女性承担。从事媒人行业，也分为有偿与无偿两种。如果媒人保合的是好婚姻，当事人比较满意，就称为"良媒"，而如果媒人言语夸张，糊弄成婚，则往往会遭人诟病。宋代的袁采对"恶媒"有一段评价。他在《世范·睦亲》中说："古人谓周人恶媒，以其言语反复，给女家则曰男富，给男家则曰女美。近代尤甚，给女家则曰男家不求备礼，且助出嫁遣之资，给男家则厚许其所迁之贿，且虚指数目。若轻信其言而成婚，则责恨见欺、夫妻反目，至于仳离者有之。大抵嫁娶固不可无媒，而媒者之言不可尽信如此，宜谨察于始。"参见马成骏：《媒人琐谈》，载《青海民族学院学报（社会科学版）》1991年第2期。

(二) 婚姻交往:"幻象症"和"猎奇症"

无论婚姻主体相互认识的途径如何,是通过媒人或媒介认识还是自主认识,在相互认识之后,就进入了相互交往阶段。相互交往阶段可短可长,并没有明确的制度约束和风俗规定,一般由个体或个体所在的"始源家庭"协商确定,虽然在做这种决定的时候也无法完全脱离所在环境的形势、趋势及特点之影响,但当事人所具有的主体性地位还是十分突出的。社会习俗为人的日常生活所安排的时间维度的主要活动有三,即"管生、管婚、管死",所对应的是"生、育、终"时间序列。通过赋予这些时间序列活动以隆重的仪式,而增加生命的神圣感、厚重感和意义感。婚姻诸种仪式中,与订婚阶段所对应的仪式谓之曰订婚仪式。当事人从"相互认识"到"相互订婚"阶段的时期为"相互交往"时期;如果"相互交往"时期彼此能够伦理性地把握各种影响交往和最终订婚的种种要素,当事人就能通过"订婚仪式"而确立婚姻关系,否则,就有可能因种种多疑、偏见或无知而错过"对的人"。我们通过对这些影响因素的分析并在对这些因素的分析过程中力图解释其中所存在的伦之"理",借以通过对"理"的认识升华到自觉自愿的婚姻行为的道德实践。

1. 男女本身的特质

男女本身的特质包括形象、性格、气质等要素。

"形象作为视觉文化的基本单元,既是一个研究对象,又是一个分析单位。"[①] "形象学"属于视觉文化,我们这里所使用的形象概念不是指图像、影像和景象,而是指婚姻主体领域具体男女两性的"身材及其呈现出来的特征"。根据恋爱心理学分析,当婚姻主体进入交往阶段后,首先观察到的是一个人的形象。一般来说,男性喜欢漂亮,女性喜欢英俊,但是再进一步追问人们"什么是漂亮、什么是英俊"时,人们往往会给出成千上万的不

---

① 周宪:《从形象看视觉文化》,载《江淮学刊》2014年第4期。

同的视角、描述和观点，并力图援引经验世界的各种例证加以证明。关于漂亮和英俊的含义并没有统一观点或明确的基础认识这一现象本身说明，漂亮或英俊所表达的承载客体的特征并不是通过数字可以衡量的，它们也不单纯属于物理世界中所运用的概念。它们是客观世界在主观世界所反映的诸种符号被主观世界进行描述后所形成的心理概念，主要由三重要素相互结合、共同作用而成。这三重要素分别是客观存在、诸种符号、心理感受。客观存在是指身体本身的事实特征，诸种符号"眼、耳、鼻、舌、身、意"等感觉器官所形成的信息功能，心理感受是指具体个体内心深处所形成的关于形象的印象。在客观存在、诸种符号两个环节，相同或相似，没有"外来因素"掺杂其中；"心理感受"环节，是主观性很强的环节，特别容易受到个体内在心理运行模式的独特影响，因此具有很大的差异性。

"心理世界"是生理世界、情感世界和精神世界的统一，即心理机制本身也包括硬件要素、软件要素、导引要素。其中的硬件要素人与人之间相差无几，但软件要素却是千差万别，这个软件要素即是心理思考过程。它的来源有三个：一是生来就携带的"天然软件"，二是个人成长经历所形成的"经验软件"，三是个人在内在自我成长过程中所形成的"反思软件"。这三个软件同步运行到一个轨道上并相互重合的时候才能出现"统一性认识"，内心深处才会形成明确清晰的概念，但是这种统一性认识是否能够被允许或被同意，从而作为一个概念真正地浮现于个体的意识世界里，还需要"导引因素"来做决定。导引因素是对个体在具体时空中的"生存、生活、生长"过程中的具体的"发展环节、发展境遇和发展氛围"中所面临的主要任务进行分析后的趋利避害的本能选择，因此导引要素是"概念能否面世"的决定因素。如果说硬件要素来源于身体，软件因素来源于意识，那么导引要素就来源于人的本性。"身体、意识、本性"三者之间，本性是最为深邃也是起"最终分析、判断和决定作用"的要素。

但是，在导引要素发挥作用的过程中，容易出现以下三个方面的问题：一是不知道本性是什么，因此无法启动本性来进行判断，于是用"感觉判断"代替"本性判断"；二是不知道自身所处的发展环节、发展境遇和发展任务是什么，缺乏对环境本身的客观科学的"知性把握"，于是用"从众判断"代替"自主判断"；三是在由身体、意识通往本性的判断过程中受到来自不同方面的直接的或间接的、短暂的或长期的、必然的或偶然的、细微的或巨大的、积极的或消极的、有意的或无意的影响，于是在通往本性的过程中走向"岔路、歧路、边路"，但却以这种"多样的路"代替"唯一的路"，用"多元判断"代替"一元判断"。这样一来，具体观念"能否呈现、呈现到什么程度、以何种方式呈现"等呈现的"区别模式"就诞生了。在婚姻主体相互交往或恋爱过程中，这种问题及区别模式同样存在。因此，就"漂亮或英俊"等概念而言，从来没有一种理论能给予所有人均能接受的准确界定，而每个相互交往中的恋爱主体更是对此见仁见智。这种情形给"交往主体转换为婚姻主体之环节"带来了极大的困惑、犹豫和彷徨，许多"剩男、剩女"的产生多是源于由此而自挡住进一步交往的路。因为看不到所谓"漂亮或英俊"的对象，于是就干脆放弃不找；因为交往后发现对方不"英俊或漂亮"，于是就借此分手；"以貌取人"成为婚姻交往中的一个隐形杀手。既然，人类的有限理性不能明确界定"漂亮或英俊"这样主观感受性的概念，既然，每个个体由于"认知模式"或"心理软件"的区别而对此存在差异化认识，既然，这种关于"美丑"的外貌评价影响到人类的婚姻判断乃至以后的婚姻生活，就不如干脆放弃"以貌取人"的想法，而将"心灵美"作为择偶的标准，毕竟，相比就是否"漂亮或英俊"做判断而言，"心灵美"是可以通过经验世界的序列事实来予以证明或证伪的，"心灵美"是一个可以用事实去印证的价值判断。最起码的要求是，相互交往即处于恋爱环节的婚姻主体，应当对"漂亮或英俊"等有关形象的观念进行深入思考和本体把握，不

第二章　现代社会婚姻危机的表征

能随俗从众人云亦云，也不能简单为自身"自然性"所支配而盲目判断，更不能陷于执着于"非"却自以为是"是"、执着于"假"却自以为是"真"、执着于"暂"却自以为是"久"，执着于"貌"却自以为是"心"的"本性决定"被遮蔽状态。交往过程中的婚姻主体的心理健康非常重要，社会应进行基本认知层面的正确的、常态的恋爱观方面的伦理教育，提倡"每个人都是天使"之婚恋理念，逐渐使交往过程中的婚姻主体转变"以貌取人"的心理习惯，而成长到对"心灵美"的不懈追求。

除了形象之外，相互交往的主体还经常对"性格"予以关注。相比形象而言，性格更主要的是一个客观概念，它不像形象那样是一个客观见之于主观的"印象"或"图景"，而是一种实际的客观存在。"性格学"主要有两个研究趋向：一是从人的自身维度去研究，弗洛伊德首创了最一贯、最深刻的性格理论，即把性格作为一种内驱力系统，它构成行为的基础，而不等同于行为；弗洛伊德把这种内驱力集中于"里比多"，当其在潜意识而不能进入意识或前意识时，就会成为神经病的体质的成因。[①]　二是从个人与世界发生联系的取向上来研究人的性格，弗洛姆说："这些个人借以使自己与世界发生联系的取向，构成了他的性格的核心。性格可以被定义为：把人之能量引向同化和社会过程的（相对固定的）形式。这种心理能量的流通具有十分重要的生物学功能。"[②]　弗洛姆把性格类型分为非生产性取向和生产性取向两种，其中非生产性取向的性格类型又分为"接受取向、剥削取向、囤积取向、市场取向"四种，生产性取向性格类型则以"再生"和"原生"两种方式体验外在于他的世界。我们在这里所使用的性格概念，既不是单纯地指身体内驱力，也不是指在个

---

[①]　[奥]弗洛伊德：《精神分析引论》，高觉敏译，商务印书馆1984年版，第289页。
[②]　[美]埃·弗洛姆：《为自己的人》，孙依依译，三联出版社1988年版，第67页。

人与社会的关系中的性格分类。人是其自身,但又无法将自身从各种社会联系中脱离出来,在婚姻主体交往阶段中所使用的性格概念,主要是用来指谓个体作为一种生命形式所具有的自然规定性、社会规定性和心理规定性的总体的趋向性。我们认为,性格就是本性所在的时空格度;而在不同"格度"上所呈现出的具体特点即为性格特征。

由于性格关涉到人自身,而"认识你自己"又是一个如此复杂而永远有待完成的任务,所以关于性格的很多解释还不能成为知识而主要停留于观察、描述或者猜测层面。这对相互交往中的婚姻主体产生了两方面的影响。一是提醒交往中的婚姻主体应当注意到对方的性格倾向;二是交往中的婚姻主体无法找到判断性格类型的科学根据。前者使人认识到,在婚姻中性格类型很重要,性格类型是关涉到婚姻是否幸福的一个重要因素;后者则使人在找不到统一的科学标准的情况下,对性格的判断采取了类似于"模糊数学"般的猜想性思维。对婚姻伦理产生影响的主要是后者。由于在性格方面选择意识不明确,就会导致婚姻问题。现代社会婚姻危机在该方面主要表现为性格知识匮乏、性格判断不足,误将任性当成性格本身,在性格配伍存在缺陷的情况下又不能超越性格配伍所形成的有限格局而进入更为宏观的意识掌控层面,于是本来应该互相欣赏、互相吸引、互相帮助、互相提升的男女两性就表现得势同水火、形同路人、利益交换、义寡情薄。性格一律平等;性格是影响交往是否能够进行下去的重要因素;性格所组成的格局可以为人的主观能动性所把握。"懂得性格类型、学会性格分析、明白性格配伍、超越性格局限"是提升婚姻格局和婚姻质量的重要方式。婚姻主体相互交往中,经常用到的性格术语主要有三个,即"性格是内向还是外向?""性格是善良还是邪恶?""性格是慷慨还是小气?"内向与外向互补,但实际生活中彼此的思想的交流可能是外向导引内向;善良与邪恶成对,但实际生活中彼此的态度较量可能是邪恶拖住善良;慷慨与小气为伍,但实际生活中彼此的行事风格可能是小气绊住慷慨。分析自身的性格类型，选择具有适宜性格的另一半，有助于避免未来婚姻遭遇论辩、博弈甚至斗争局面，实现未来婚姻的融合、互助、和谐目标。

气质是婚姻主体进行交往过程中所主要关注的第三个要素。古希腊著名医生希波克拉底根据临床医学实践提出了"四种气质类型说"。"在自然哲学'元素'学说的理论基础上，希波克拉底提出，水、火、土、气四种因素构成了人的血肉之躯，并且分别与冷、热、干、湿四种习性相对应。由此形成了人体的四种液体：血液（blood）、粘液（phlegm）、黄胆（yellow bile）和黑胆（black bile）。这四种体液的不同配合使人们有不同的体质，具体而言，血液从心来，代表热；粘液从脑来，散布到全身，代表冷；黄胆汁由肝脏分泌出来，表干；黑胆汁从脾胃来，代表湿。"[①] 根据四种体液在人体内所占的比例，可以形成四种不同的气质类型，血液在体内占优势的属于多血质，粘液在体内占优势的属于粘液质，黄胆汁在体内占优势的属于胆汁质，黑胆汁在体内占优势的属于抑郁质。中国古代中医文化典籍《黄帝内经》提出了"二十五种气质类型说"。"黄帝曰：余闻阴阳之人何如？伯高曰：天地之间，六合之内，不离于五，人亦应之。故五五二十五人之政，而阴阳之人不与焉。其态又不合于众者五，余已知之矣。愿闻二十五人之形，血气之所生，别而以候，从外知内何如？岐伯曰：悉乎哉问也，此先师之秘也，虽伯高犹不能明之也。黄帝避席遵循而却曰：余闻之，得其人弗教，是谓重失得而泄之，天将厌之。余愿得而明之，金柜藏之，不敢扬之。岐伯曰：先立五形金木水火土，别其五色，异其五形之人，而二十五人具矣。"（《黄帝内经·灵枢》）前者是在生理医学意义上使用"气质"，后者是在形而上学的意义上使用"气质"概念。在婚姻主体交往这一领域，我们既不在生理医学的意义上使用气质概

---

[①] 石庆波：《希波克拉底与西方医学人文传统的萌芽》，载《淮北师范大学学报（哲学社会科学版）》2017年第6期。

念，也不在形而上学的意义上使用气质概念，而主要是在人的"心理动力趋向"所形成的精神层次上使用这一概念。

马斯洛说："人是一种不断需求的动物，除短暂的时间外，极少达到完全满足的状态。一个欲望满足后，另一个迅速出现并取代它的位置；当这个被满足了，又会有一个站到突出位置上来。人几乎总是在希望着什么，这是贯穿他整个一生的特点。"①需要不断变化。马斯洛将人的需要分为生理需要、安全需要、社会需要、尊重需要和自我实现需要五类，依次由较低层次到较高层次。对于具体人来说，在某一时期甚至终其一生都有一种指向某种层次需要的偏好和意向，这种偏好和意向源于主客观条件的综合作用，所形成的外在气氛或精神层次就是气质或人生境界。冯友兰先生曾将人生境界分为"自然境界、功利境界、道德境界和天地境界"四种，那么，依此逻辑，也可将人的气质分为"自然气质、功利气质、道德气质和天地气质"四类。每种气质均有其心理趋向和样态特点。所处人生境界相同者，容易形成一致意见而和谐相处；所处人生境界不同者，容易产生认识差异而形成疏离感；所处人生境界的梯度相近者，容易互相学习而共同提高；所处人生境界的梯度相远者，容易俯仰相视而分离日增。许多婚姻主体的择偶标准中并没有包括气质因素，只凭感觉或者社会习俗而人云亦云地确定配偶，这就很容易导致"婚姻梦幻症"。"婚姻梦幻症"是指在选择配偶时为幻象和虚假所推动，结果却失去智慧和真实。迄今为止人类婚姻的诸多不幸，跟婚姻梦幻症具有莫大关联。但气质本身不是固定不变的，而是不断发展的。交往中的男女主体应当避免在气质选择过程中的智力盲点，选择与自身气质相应的气质类型的人作为配偶；同时，在选择之后，如果发现彼此气质存在差异，处于低层次气质的一方要主动向高层次气质的一方学习，通过不断学习持续提升，缩小气

---

① ［美］马斯洛：《动机与人格》，许金声等译，华夏出版社1987年版，第29页。

质差距，提升气质境界，从而使婚姻幸福指数增加。

2."始源家庭"的特点

所谓始源家庭，就是男女主体出生长大的家庭。婚姻主体交往过程中对婚姻有影响的元素主要有始源家庭所在的"民族、地域和层阶"。这种说法虽然有些直白，但"门当户对"思想事实上却一直暗含于现代社会婚姻文化之中，因此，必须对其所包含要素进行分析，借以发现交往中的男女两性应当如何遵循婚姻伦理习惯。

始源家庭所属的民族。

从社会文化学角度看，民族是具有共同文化、共同语言、共同心理的群落。世界上的民族数量至少有两千个，中国的民族数量有56个。"世界上的民族以单个形式存在，又有机地组合在一起，构成了人类社会的整体。与之相适应，每个民族都带有自己民族道德生活的特点，但也具有人类道德生活的共性。同时，由于自然和社会的复杂因素，有的民族已经发展到很高的文明程度，有的则发展缓慢，其文明程度低下或较一般，有的民族甚至还处在类似于史前时代的原始状态中。如现在仍散居在亚、非、拉、澳各大洲偏僻山区、孤岛寂野、原始丛林和荒漠沼泽地带的一些原始民族，他们的道德观念与近、现代民族的道德观念就有着天壤之别。"① 这些民族所处生产力发展水平阶段可能不同，但却共存于现代这一时期。既然是同一时期的存在者，那么就存在彼此联姻的可能。但道德观念差异所形成的不同婚姻伦理风俗，却是婚姻主体在交往过程中不得不考虑的问题。

"欧洲的婚姻传统连同礼服颜色的迷信一起越过大西洋传到了美洲：蓝色是罗马新娘和圣母玛利亚婚服的颜色，象征纯洁和多产，因此新娘穿蓝色礼服会使丈夫忠贞不贰；粉色固然漂亮，但不是幸运色；红色暗示不道德，象征罪恶；18世纪流行黄色，但是绿色会让人想起仙子和茂盛的植物；家纺布的棕色太普通；

---

① 熊坤新：《民族伦理学》，中央民族大学出版社1997年版，第967页。

灰色很流行，象征聪明有用，但是有哀悼之嫌。打成同心结的彩色会给平淡的服装增色不少，而且仪式结束后，客人可以把彩带扯下来带回家做装饰。19世纪，鲜花取代了彩带，新娘头戴鲜花，手捧花束。"①

非洲婚姻习俗在选择配偶的时候，有"指腹为婚、父母之命、自主选择、亲戚介绍"等方式，但还存在着其他有趣的选亲方式。"在乌德湖克（Udhuk）部落的人群中，求爱和结婚发生于很小的年龄。当一个男孩儿决定娶一个女孩儿的时候，他会去小路上碰见她并说明他的想法，女孩儿假装很震惊，她同行的伙伴们会把男孩儿赶跑。回到家里，女孩儿挪动自己的床，把床靠着房间后墙放好。夜晚，女孩儿的家人都入睡后，男孩儿拜访女孩儿的家庭，把他的手从后墙的开孔处伸进房间接触她，她通过他手上所佩带的饰物来确认男孩儿的身份。如果她仍旧拒绝他，她就会大声喊叫，她的父母就会醒来。那个男孩儿就会逃跑，也许一辈子不会再来找她并说服她。如果女孩儿接受了男孩儿的求婚请求，她就会保持安静，她和他两个人会悄悄地说一会儿话。在接下来的几天或几个星期里，男孩儿会重复他对女孩儿的造访。当双方的关系稳定之后，女孩儿就开始戴上珠子项链，这立刻就会使女孩儿的父母询问，谁是那个男性求婚者——虽然女孩儿的父母早已知道是谁！如果女孩儿的父母同意，男孩儿和女孩儿就被允许公开交往，这种公开交往就引导他们走向婚姻。"②

中国少数民族婚俗丰富多彩。傣族婚姻缔结，依照习惯具有男子娶妻、男子从妻居、偷婚、抢婚等形式，其中抢婚行为一般在男子喜欢女方但女方不同意的情况下进行。有的男方在进行抢

---

① ［加］伊丽莎白·阿伯特：《婚姻史》，孙璐译，中央编译出版社2014年版，第61页。

② John S. Mbiti. *African Religions &Philosophy*. Published by East African Education Publishers Ltd. Page 136. First published 1969.

婚之前先偷走女方的衣物,作为抢婚的借口;如果是未经女方同意而抢婚,女方就对男方提出处罚,具体处罚方法一般是女方向男方多索取身价金、酒、肉等。赫哲族的婚姻缔结方式,根据习惯有媒人介绍、双方父母直接商量、换亲、指腹为婚等形式,其中在结婚拜天地的时间为天刚亮太阳还没有出来的时候;入洞房拜祖宗、灶王时,一个非新郎直系亲属的老人,手执3~4尺长的3根芦苇秆,中间扎着3条红布,向新娘训话,进行孝敬公婆、尊敬丈夫、待人和气等内容的伦理教育。[①]

所有这些以及其他婚俗,是力图用白描方式勾勒或描述民族生活中的婚姻习俗的多样性。处于交往环节的男女个体,如果是跨越民族甚至种族的异性交往,必须了解和考虑到不同民族、种族甚至国度的婚姻习惯的差异。这些婚姻习惯会涉及婚姻理念、婚姻仪式和婚姻风尚等不同方面,其中对婚姻理念的差异尤其应当特别重视。婚姻理念是指对婚姻所持的看法。例如,是将婚姻当成一件神圣之事还是世俗之事?婚姻的基础究竟是感情还是契约?男女双方的地位是否真正平等?婚姻后的家庭义务如何分配?能否终止婚姻?婚后是否能够再嫁?所在群体对婚姻不幸者是否具有救助意识?等等,均属于婚姻理念的组成部分。理念是行动的先导。忽略理念的差异,随后就会形成婚姻行为的隔阂,就会影响婚姻缔结、婚姻质量和婚姻前途,而婚姻的稳定性、和谐性、发展性也会大打折扣。"猎奇性婚姻"是该阶段最容易出现的婚姻危机,由于好奇而交往,又由于失去好奇心而散伙。婚姻可以仅仅是一段交往,但人生却只有一个人生。

始源家庭所在的区域。

在对区域的理论界说中,通常对区域概念有"地理意义、经济意义、文化意义"等维度的理解。其实,这三种意义并不能截然分开,没有地理上的区域,其他经济的、文化的乃至治理

---

① 高其才:《中国少数民族习惯法研究》,清华大学出版社2003年版,第64~68页。

的意义都无从产生,地理上自然形成的区域是经济区域、文化区域、治理区域等的承载基础。家庭所在区域,主要是指家庭所在的地理区域,同时也考虑该区域内所拥有的经济、文化和治理特点。就其现实性来看,就是指第一自然、第二自然、第三自然。

第一自然在这里是指纯粹的自然环境。有的人可能非常喜欢原始的自然环境,并将靠天吃饭视为顺乎自然的生活,于是就居住在孤岛或者渔船上,也有可能出于对祖先缅怀或对自给自足生活的眷恋而自愿居住于深山古洞之中,与此对应的生活方式有点类似于初民时期的男人狩猎和女人采摘,同时又以朴素的农业耕种和些许畜牧业作为陪衬和补充。在第一自然生活的家庭,处于恬淡宁静的田园生活和简单匮乏的经济方式的双重陪伴之下,淳朴的德行成为人生向往和保持的主要目标。在这里美德得以保持,但理智的力量没有得到充足的发挥,因此就是将人保持为一种纯粹天然的存在。无论是真正地将自身置放于名山大川或北极雪地之中,还是以超然的心态将自己封闭于农村或城市的某个角落中,这种生活于第一自然的家庭状态的实质并无太大改变。第一自然的婚姻意识比较质朴。

第二自然是用来表明人类对纯粹的自然存在物进行了有限的物理性改变而形成的居住区域,实际上就是指农村地区。农村以农业为主,"农、林、牧、副、渔"是广义农业的主要组成部分,因此农村就是最为基础、最重要的生活资料的生产场所。没有农村,"衣、食、住、行"将孤魂无依;没有农村,任何其他方面的发展和繁荣均不可能。种植工作、培育工作、建筑工作、卫生工作等是农村的主要工作类型。农村对自然的改造并不彻底,或者说为了发展农业生产,自然界也不能被进行彻底的改造,而只能进行适合农业发展需求的改造。跟随这种生产方式,农村形成了自己的婚俗。婚姻在农村颇受重视,一般而言,"培养技能—长大结婚—生儿育女—挣钱养家—翻盖房屋—孩子结婚—赡养老人—照顾晚辈—安度晚年"就是农村生活场景的主要写照,贯彻在其中的,是担负人口自身再生产任务的婚姻。农村婚

## 第二章　现代社会婚姻危机的表征

姻意识中"大家庭"观念比较浓厚,"情感"在家庭中占有重要地位,但一旦涉及分家析产、遗产继承便又很容易厘不清而发生家庭纠纷或伤了和气。经常需要用很长时间才能以"模糊但整体性的情感思维"为熨斗慢慢抚平他们的创伤。究其文化主流来说,还是"和睦家庭"之家族观念占据着主导地位并因此使此观念成为农村生活中"幸福或快乐"目标和来源。农村中传统婚姻意识比较强烈。

第三自然是人类对自然改造力度最大的地方,一般就是指城市所在地。"城市是人类文明的结晶,几乎人类所有的创造性成就都与城市有关。……当今,国家和城市以惊人的速度经历了一个从制造经济到信息经济再从信息经济到文化经济的飞跃,文化活动本身成为收入和经济增长的动力。"① 城市里制造业、信息业、服务业并存,也是政治和文化的枢纽和中心。不同城市的位置、历史、规模、人口、基础设施、投资环境、产业结构、生活质量、发展程度等均不相同,这也就形成了各自城市独有的精神风貌。这些精神风貌反映到婚姻意识上,就会出现婚姻规模和婚姻礼仪的具体差异。沿海城市的婚姻开放意识就会比内陆城市突出,历史悠久的城市的婚俗风格的稳定性则强于新兴城市,经济发达的城市其婚姻的经济成本要远比三线城市高昂,子女的抚养在小城市远比大城市要相对容易,节奏快的城市远不如节奏慢的城市更有时间谈婚论嫁、传统城市比现代城市婚俗更加淳朴。城市的婚姻意识比较理性。

人类生活区域的划分并不限于这三个方面,因为还可以从生产方式、生活方式、重要性、历史时期、文化特色等其他许多维度进行分类。这种将区域分为第一自然、第二自然和第三自然的方式只是在于表明,婚姻主体在相互交往的过程中应当充分注意家庭所在区域的婚姻习俗的影响力量。交往中的婚姻主体应当找出其中所存在的共同的婚姻规律和个性化的婚姻习俗,依据自身

---

① 王晖:《创意城市与城市品牌》,中国物资出版社2011年版,第44页。

主观能动性能否适应和把握，去做相应决定。婚姻不是两个人的事情，婚姻是嫁给或迎娶了一个家庭甚至是家族。所以，基于个体的所有的家庭联系、社会联系和自然联系对婚姻的影响，也必须考虑在内。因婚姻而产生的家族之间的关联，并未随着现代时期到来与发展而湮灭。非洲原始部落、欧美发达城市、发展中国家的不同区域，这种"婚姻联系"依旧存在甚或非常强烈，区别仅仅在于不同单元中婚姻联系的密切程度、交往频率、联系方式、媒介内容、仪式类型、心理状态等方面有所差别。因婚姻而建立起来的联系，在人看来是自然的、无心的、深邃的，但其却有着强烈的现实意义，不是每个人都有义务变成"文成公主"或者"昭君"，也不是每个人都有义务成为各国相互交往过程中的"婚姻大使"，但婚姻关联，特别是跨地域的婚姻关联却促进了跨文化交流、增加了不同民族的相互理解，"化干戈为玉帛"的"和亲政策"由此而生。对于生存于现代时期的男女主体而言，由于科技网络化、经济一体化、交通便捷化，跨区域婚姻变得更为容易，因此，更需要对相互交往的对方所在区域的婚俗有明确而正确的理解和动态把握，从而避免无谓的、无明的、无休止的争执。"婚姻争执症"是该环节容易出现的婚姻危机，这一点在现代社会的跨区婚姻中表现得尤为突出，不是个体之间在争执，而是两个家庭所在区域的不同婚俗在相互争锋。

始源家庭所处的层阶。

在这里，我们用"层阶"一词来指称家庭在人类社会中所处的具体地位。因为无法找到其他更适宜的汉语词语，所以就暂用该词来表达我们想要说明的意思。"层阶"与"阶层"不同：阶层主要以个体在社会中所拥有的经济和权力地位为区分标准，一般划分为上层、中层和下层或底层，属于社会学研究领域；我们所使用的"层阶"概念，主要是以家庭的主要行为特点为依据，着重分析家庭主要行为与婚姻习惯相互关系，进而剖析各个家庭在不同发展阶段所持有的婚姻观，它是基于婚姻伦理研究需要所使用的词语。

家庭"层阶"存在不同种类。依照家庭活动内容，可以将其分为家庭经济层阶、家庭文化层阶、家庭权力层阶；依照家庭人口规模，可以将其分为单亲家庭层阶、核心家庭层阶、延展家庭层阶；依照家庭处事风格，可以将其分为内向型家庭层阶、外向型家庭层阶、中和型家庭层阶；依照家庭治理模式，可将其分为家长式家庭层阶、民主式家庭层阶、纵横式家庭层阶，等等。我们基于探讨婚姻伦理的需求，所要考虑的主要不是上述这些分类，而是依据家庭自身所处的不同发展阶段，或者说家庭发展所面临的形势与任务，而对家庭层界进行划分。依照该标准，可以将"家庭层阶"分为"生存型层阶、发展型层阶、繁荣型层阶"三种类型。

"生存型层阶"是指家庭处于为了基本的经济条件和家庭成员而奋斗的状态。这种家庭过去可能非常辉煌，也可能一直在默默发展，或者是跌宕起伏不定。但是，家庭在其自身成长过程中却一直存在着对生存条件改善的迫切要求。在这种阶层中长大的孩子往往非常勤奋、责任感强、能够吃苦耐劳、具有改善生存条件的卓越能力，而这些品质也正是该家庭所最看重的婚姻品质。"发展型层阶"是指家庭已经解决了基本的生存问题而将经济和家庭成员的进一步发展作为主要任务的状态，在这个过程中需要有基本的经济基础做支撑，因此该类家庭往往具有比较稳定的经济来源。同时，为了发展需要，其家庭成员则希望不断能与外界沟通和互动。在这样的家庭中长大的孩子心态比较平和，礼貌随和、具有上进心，同时具备自我生存所需要的基本技能和与人打交道的能力，而这种家庭所期望的婚姻品质也是这些孩子所拥有的上述特质。"繁荣型层阶"是指家庭的经济和人口条件比较充足，家庭的主要任务是向外拓展，逐渐在社会上成为名门望族或者成为其他某一方面的佼佼者或模范家庭。繁荣型家庭对其成员的素质要求较高，不但具备基本的求生技能，还要有相对丰富的知识，同时对个人的品质也要求很高，因为相对繁荣的家庭，最怕出现不争气的子女。这样的家庭中长大的孩子自信而自负、生活志向远大、勤奋而有礼貌,社会交往积极同时又容易走向孤立与封闭,而这种家庭所期望的婚姻品质也是如此。

每个家庭其实同时具有这三种逻辑层阶,家庭自身也处于发展过程之中,当一个"层阶"结束以后,它就会向另外一个"层阶"自然发展。当一个旧的家庭消失时,一个崭新的家庭又开始了,每一家庭都是在原来家庭的基础上不断发展进化的结果,追根溯源还是回到人类始祖那里。但是家庭层次不断提高、家庭文明水平日益高涨、家庭的规模不断扩大却正是家庭进步的主要表现。对家庭所在"层阶"进行认真分析和关注,是婚姻幸福的条件之一;如果疏于对家庭所在"层阶"的客观分析和有效掌握,而仅仅凭着感觉前进,那么就很容易引发"抛弃式婚姻""战斗式婚姻""抱怨式婚姻"等婚姻危机。当然,严格来说,家庭所在"层阶"对其所持有的婚姻观并没有决定性影响。因为,婚姻观念的形成是受多重因素综合作用的结果,而并不是仅仅源于一个或一些影响元素。同样道理,"具体家庭的伦理水平"跟家庭层阶、家庭区域、家庭氏族也没有直接的一一对应联系;对家庭伦理水平而言,家庭层阶、家庭区域、家庭氏族仅仅属于外在的环境因素。对生活于具体家庭中的男女个体而言,家庭又是他们或她们自身的成长环境,但他们或她们自身婚姻观念如何,又主要取决于男女主体自身。就男女自身而言,形象、性格、气质等是其主要特征,但这些特征本身却受主体自身的"基因"或者说"道德基因"支配。同是春天播种,桃自成溪柳成行;虽然生长环境相同或相似,但桃树还是长成了桃树,柳枝还是成长为柳树。每种树木都有其独一无二的可贵价值,基因是更为重要的体现主体性的元素。所以,相互交往的男女两性,在对彼此的个体特征(形象、性格、气质)和家庭特征(民族、区域、层阶)进行考察后,最重要的还是要看内在于个体的"道德基因"或"伦理造诣",即使再加上对所在社会、国度乃至时代的考察,也仍旧需要将决定是否确定婚姻关系的核心依据定位于道德基因或伦理造诣这一深邃的"人格"天空。

(三) 婚姻仪式:"理性缺乏"和"过度铺陈"

婚姻是人生大事,当男女主体经过交往确定要成为夫妻时,往往要通过举办婚姻仪式的方式向世人宣告。围绕婚姻仪式的准备、举行和收尾所形成的种种婚姻仪式现象中,也存在与现代婚姻伦理要求并不一致的地方,而这些不一致的方面我们可以统称为婚姻仪式方面的危机。通观各种婚姻仪式,我们发现仪式时间、仪式场所、仪式规模等方面因具有更多的男女双方可以自由裁量的因素,因此便有了伦理改善的可能。

1. 仪式时间

仪式时间主要包括两个方面的内容:一是时间节点,二是持续时间。时间节点是指婚礼过程中各种具体环节所展开的时间,例如,现代婚礼的各个时间节点的一般为化妆(5:30~7:45)、婚车(6:30~9:00)、接新娘(8:00~9:10)、迎新娘(10:10~10:40)、酒店准备(10:00~11:00)、酒店迎宾(10:50~11:00)、婚礼仪式(12:15~13:00)、婚宴正式开始(13:00~14:00)、下午休息(14:00~14:30)、晚餐(17:00~20:00)。[①] 这个节点时间并非仅仅指婚礼开始的时间,而是包括发生在婚礼过程中的所有具体事件的时间分布,包括中间的时间节点和终止的时间节点。仪式的持续时间,是指婚礼从准备到完成的时间。这里的准备时间并不包括为婚姻条件所准备的时间,例如准备婚房、置办家具、邀请亲朋好友,也不包括婚礼结束后归还所借的街坊四邻的餐具的时间,而是指婚礼本身开始到其结束的时间,即需要婚姻主体双方全程参与的时间。

仪式时间涉及婚姻主体及其参加人是否方便、是否愉快、是否会有助于人口自身的生产和物质财富的生产质量和效率等问题,因此在婚姻仪式中往往备受重视。其中存在的伦理问题是,时间节点选择随意化,缺乏文化含量,许多婚礼参加者出现仓促

---

[①] 高月娟等编著:《婚嫁礼俗》,中国铁道出版社2015年版,第96~97页。

感进而影响安全系数；持续时间过长，引起铺张浪费。节点时间的选择并非是一个任意的事情，它应该符合自然规律，同时也应符合社会规律和家庭规律要求，自然规律、社会规律、家庭规律以婚姻当事人的具体情况为根据取舍。仪式的持续时间有的是1天，有的是3天，有的是一周甚至更长，还有的在此地举行完婚礼，换个地方再举行一次。婚姻仪式在这里所包含的意蕴已经超出了"向世界宣告结婚"的内涵，往往还掺杂着许多功利主义想法。婚姻是人生大事不假，也是社会所认可的主要活动，但婚姻仅仅还是婚姻，婚姻不是经济活动、不是社会活动，也不是学术活动，婚礼的举行就是为了实现繁衍人类的天职，同时给社会增添一些温情色彩。婚姻持续时间的选择是一个关涉婚姻品质的重大问题，因此应当"时间合理"为好。

2. 仪式场所

仪式场所是举办婚礼仪式的地方。举办婚礼的场所有多种。可以是正常场所，也可以是反常场所，前者例如广场，后者例如战场；可以是所有场所和租赁场所，前者如家宅，后者如旅社。还可以是长久场所或暂时场所、露天场所或封顶场所、华丽场所或朴素场所、巨大场所或小微场所、国内场所或域外场所、远方场所或附近场所、官方场所或民间场所、文化场所或物质场所、嘈杂场所或幽静场所、高温场所或寒冷场所、温馨场所或冷酷场所等场所中的一种或几种。婚姻场所选择中存在的问题是，当事人并不明白自身真正需要什么样的场所，而经常出于赶时髦的想法"去特殊的地方举行普通的婚礼"，从而增加婚姻开支、降低未来婚姻的幸福指数。

一般来说，在选择仪式场所时，应当区分天然场所、社会场所和家庭场所。阳光下山野的草坪、布满垂柳的西子湖畔、四周空旷的平台高地、独木成林的大片树荫等场所属于天然场所。这些场所的优点是充满自然审美和天然魅力，能够比较省事地布置婚礼现场而不用特意地制造场景，缺点是它们因数量有限而不易寻找因而成本较高，同时容易受到气温变化等自然因素影响。社会场所，是指经过人类文明的长期发展所形成的社会中的各种公共的场地。这种公共场地因时代和地域不同而存在差别，既有可能是朝堂或宗庙，也有可能是政府大厅或教堂，乃至酒店或宾馆，但这些场合因为并不属于任何一组的男女婚姻主体，而是可以随着时间的排开为相继而来的对对新人提供仪式场所支撑。其优点是成型而安全，其不足是经常受到各自文化习俗影响，同时，催生人们的攀比心理。家庭场所是婚礼举办最常使用的场所。家庭所在地具有熟悉性、安全性、便捷性，同时也有地域性、差异性、变化性。天然场所、社会场所、家庭场所是一个逐渐叠加递进的关系，越靠后的场所越包含着前面的场所。我们认为，婚礼场所主要在"家庭"中举行即可，如果要使用其他场所，"安全、就近、方便"应是选择婚姻场所时所持的价值标准。

3. 仪式规模

仪式规模是指参加婚姻仪式的人口的数量。参加者数量取决于在举行婚姻仪式时所动员的社会关系网络的广度和深度。每个男女婚姻主体都不是孤立的，而是存在于一定的社会关系之中。依照社会关系产生的来源，可分为血缘关系、地缘关系、业缘关系等类型。其中血缘关系又分为亲人关系、亲属关系和亲戚关系，地缘关系又可以分为邻居关系、区居关系和国居关系，业缘关系又可以分为同事关系、同行关系和同路关系，这些关系实际上就是社会联系网络中不同的联系层次和联系范围，其能否自觉地被运用取决文化发展程度和文化差异。婚姻仪式的动用范围也主要是包括这九个方面，婚姻规模的大小就看动用到哪个层次和级别。这种动用包括主动动用和被动动用两种形式。

主动动用是动用未曾有过婚姻联系的人参加自己的婚礼，这会产生两个可能的结果：一是对方同意参加婚礼，二是不同意参加婚礼。而出现这两个可能结果的原因也主要有两个，即主观不能和客观不能。主观不能是具备参加婚礼的客观条件但是主观上不愿意参加，客观不能是具备参加婚礼的主观愿望但客观条件不允许参加。在主观与客观之间，如果欠缺任何一项条件或两项条件都缺乏，均不能发生参加的事实，只有主观与客观条件同时具备的时候，参加的事实才会发生。如果一个受约人非常想参加朋友的婚礼，但自己却在南极洲奉命进行科学考察，那就无法参加婚礼；如果一个受约人不想参加邻居的婚礼，即使他就住在隔壁，也会找借口进行推托；如果一个受约人既不想参加熟人的婚礼，同时又在域外兴建水利工程，那他也不可能参加婚礼；如果一个受约人既想参加亲戚的婚礼，同时又在家乡农闲，那么他就能够参加该婚礼。因此，对于婚礼参加人口的选择需要事先通知，听听受守约人的意见，然后才能最终确定参加人名单。

  一般来说，婚姻参加人可以分为三类，即中心成员、环绕成员和拓展成员。新娘新郎、双方父母及兄弟姐妹、仪式负责人员等属于中心成员，没有中心成员，尤其没有中心成员中的核心成员，即新郎新娘，婚姻仪式无法举行。环绕成员中主要包括亲戚、朋友、同事等组成部分，这些是主要的参加人员，但并不要求所有这些成员都要参加，这里存在一个上文所说的参加条件是否具备的问题，因而也有一个参加能力和知情同意的问题。拓展成员中包括的范围最为广泛，邻居、乡亲、熟人等应该属于这个团队的组成部分，由于中心成员的数量上限是固定的，而环绕成员的数量上限也是固定的，所以婚姻规模的大小最后就由拓展成员这一部分的数量所决定。有的传统婚礼中会邀请整村的人来吃流水席，有的则将婚宴的桌席排满整条街道，还有的对那些孤独的个体也给予饮食帮助，这就使得婚礼人数的规模数量处于一个轻微的浮动空间之中，为了有效应对这种浮动，往往会在婚礼物品方面作好充足准备，以飨事先安排的和临时到来的过往客人。

  婚礼规模过大是当前婚姻危机的一种重要表现。伴随着婚姻规模过大而引发的连带问题是：婚姻礼金数额飙升而缺乏自我调节的掌控意识。尤为严重的是，很多青年男女因礼金的束缚而无法进入婚姻殿堂。适龄青年不结婚必将影响到人口数量和质量，这是婚姻不幸的开端。解决这一问题固然需要个体、家庭、社会、国家乃至整个人类的共同努力,提供更多物质层面的支持、帮助和激励,但婚姻主体伦理意识水平的提升也是一个不容忽视的重要举措。就一般婚姻心理而言,婚姻主体倾向于将婚礼规模搞得越大越高兴,毕竟这是有关男女成长、家族繁盛、人类存续的大事,而且对很多人来说,这是生活中最为隆重的礼仪之一。因为,男女双方从此就由"摄取阶段"进入了"释放阶段",由"成长阶段"进入了"成熟阶段",由"被养阶段"进入了"养人阶段"。这实际上是个体生命的一种重大的成长性转化,由此开启履行天职的神圣环节。但是,虽然婚礼规模如此重要,但它毕竟不是人类生活的全部,人除了完成人口自身的再生产之外,还有物质再生产、文化再生产、精神再生产等诸种社会工作要完成。婚礼规模的超能力扩大会将婚姻主体及婚姻主体的始源家庭牢牢地捆缚于"礼情互动"的社会关系网络的世俗机制中而难以自拔,很容易波及新建家庭的生活质量与持续发展。由此推论,可以认为,将婚礼规模控制在一定的适宜范围即可。"量力而行、适度适宜"应是婚姻仪式规模确定时的伦理标准。

### 三、"婚姻结果"危机

经过漫长或短暂的婚姻过程之后,就出现了两种结果的可能:一种是彼此发现了很多无法接受的东西,因此由婚姻交往关系再退回到普通关系;另一种是通过了重重考验,彼此认为可以相互接受,于是确立婚姻关系。如果退回到普通关系,当事人就又开始了一个新的婚姻交往的旅程,也许期间要经过很长的一段时间作为过渡期。如果主体经过婚姻交往过程,最终确定了婚姻关系,即通过婚姻仪式或未通过婚姻仪式而缔结为夫妇,那么就算是开化结果了。这也表明,男女双方以过去的"始源家庭"为重心逐渐过渡到了男女双方所组建的"新婚家庭"上。新家庭是生命的延续和发展,因其指向未来,故更具有希望和魅力、更具光明和梦想。婚姻的结果就是家庭,家庭来源于婚姻。一般的逻辑顺序是,结婚后孕育子女,家庭生活、家庭权利、家庭义务、家庭责任由此展开。幸福的家庭是每对夫妇的期望，但由于主客观影响因素不同，并非所有家庭均处于全程和睦之中，虽然每个社会都在为家庭和睦做力所能及的不懈努力，但仍旧不能避免问题发生。这些问题多种多样，可以将其指称为婚姻结果的危机的表现样式。

当男女双方进入婚姻殿堂后，就从两个无关联状态进入了一体状态，即形成了一个单元。这里之所以使用单元而不是联盟或团队这样的概念，是因为联盟既然是联盟，那就会有分离的意蕴，团队也有解散的时候，而单元是男女双方组成了一个统一的整体，从此要共同驾驶这艘家庭之舟航行于生活的大海之中。家庭是个单元，是个统一体，不是联盟或团队，婚姻的正态结果是产生了家庭这个单元、这个实体，从此要共同面对、共同奋斗，促进家庭的生长、发展和繁荣。家庭形成之后，男女双方的个性地位得到削弱，既有的男女两性的自然分工、社会分工、在始源家庭的分工不会轻易转换到夫妻协作分工模式，夫妇之间可能会在以下方面出现争执、较量和分野：一是家庭目标的确定；二是家庭元素的协同；三是家庭项目的开展。

（一）家庭目标："两元对峙"

可以说，很多年轻夫妇在一开始并没有明确的家庭目标。之所以没有明确家庭目标，主要是由于作为一个新单元、新家庭的目标的确立并不是一件独立的、可与传统或习俗割裂的事情，而是需要考虑如何从过去的始源家庭或传统家族吸收各种作风、力量和意识，同时，对于尚未出现的未来的生活无法有一个科学的预见也是一个重要原因。当以确定性来界定可能性时，很容易出现理智空白。对具体家庭而言，可能具有家庭目标，也可能没有家庭目标，而对于有家庭目标的单元来说，这个目标可能很清楚，也可能很模糊，而模糊型家庭目标可能是自觉设计的结果，也可能是顺其自然随遇而安的结果。家庭目标的设立是婚姻主体或婚姻夫妇的一项重要的婚姻任务。如果一个婚姻在形成家庭后却没有给这个家庭设定目标，那么这个婚姻成果即家庭的成就感会降低、成长的节奏会变得比较凌乱。进一步发展,家庭本身的稳定性将会受到挑战,婚姻在持续一段时间后崩溃,辛苦得来的婚姻成果顷刻付诸东流。这种结果平添了生活中无谓的痛苦,将本可以经由婚姻主体努力而避免的不幸转化为痛苦本身,幸福和美好会拂袖而去,它会影响到婚姻观、价值观和人生观。

就具体家庭而言,具有目标胜过没有目标、明确目标胜过模糊目标、合理目标胜过虚幻目标、具体目标胜过抽象目标、根本目标胜过节点目标、战略目标胜过战术目标、人口目标胜过物质目标、形上目标胜过形下目标、意识目标胜过理智目标、精神目标胜过现实目标。在目标的确定上,容易出现的而且也是在不同程度上存在的婚姻危机是,没有确定家庭目标的意识、在确定目标过程中夫妇双方达不成一致意见、已经确定的目标脱离未来发展的客观实际。没有目标是许多家庭存在的问题,没有家庭目标并非不存在时代任务,而是跟着风俗走,缺乏用理性进行判断的程序和过程,对家庭发展采取任意态度。这种没有目标的家庭治理模式不能够凝神聚力,也无法保障家庭未来的发展走势,可能形成一种貌似家庭实体实则个体联盟的家庭样态,随着家庭情势的变化和男女双方个体的发展,会出现一种个体力图脱离联盟的倾向,而这正是"婚姻契约观"得以生成的实践原因。

在确定目标的过程中男女双方难以达成一致意见、"两元对峙",其原因在于个体的成长经历、所在环境、生活经验等方面不同或存在差异。如果双方由此而形成的个体意识、家庭意识、生活意识等方面比较相似,那就能够减少在确定家庭目标过程中的争论;如果上述意识存在巨大差异,则目标的确立将是一个十分漫长并不断反复的讨论甚至争吵博弈过程。至于所确定的目标与未来发展的客观实际不符合,则存在三种情况,或者是主观目标高于客观实际,或者是主观目标低于客观实际,或者是主观目标与客观目标处于一种忽高忽低的波动不已的错配状态。其实,如果让主观目标与客观实际相符合因而处于一种同步和谐的状态并不容易做到,人们一般认为家庭目标的实现还不是一个完全由夫妻双方所能掌控的问题，这确实是客观事实。但是，人类在此应更多地发挥自身的主观能动性，从而使婚姻目标实现从天然决策、伦理决策到科学决策的过渡和转变。存在家庭目标的婚姻是积极的、乐观的、成功的；不存在家庭目标的婚姻是消极的、随波逐流的、不稳定的。无论所确定的家庭目标本身是否实现或实现了多少，婚姻本身都会因家庭目标确定所带来的凝聚力、向心力、吸引力而变得朝气蓬勃、信心充足和阳光灿烂。如果婚姻能成功地走遍自己的应有的出于本然的历程，我们就可以称之为"真实而成功的婚姻"。

（二）家庭元素："协同困境"

当家庭目标确定之后，就需要婚姻主体双方准备实现目标的种种条件。因为家庭目标内容的多元化特点，所以男女婚姻主体所需要准备的条件也必然多种多样。

首先，是嫁娶双方的位置变化问题。女方可以嫁入男方、男方也可以进入女方家庭，或者男女双方在其他地方另行组成一个新的家庭。女方嫁入男方，所形成的模式可以称为父系婚姻模式；男方进入女家，所形成的模式可以称为母系婚姻模式；男女双方组成一个新的家庭，所形成的模式可以称为平等婚姻模式。这看似可能仅仅是事关风俗的小事，实际上却影响着婚姻质量。不同模式意味着在不同的家庭生活，需要与该家庭的文化、物质和层阶相适应，甚至受到这些因素的影响、塑造和引导。很多人在远嫁他乡之后随着时间的流逝语音经常变得与婆家所在地方的语音有几分相似或有些相同的地方，便是一个典型的例证。现代社会最常见的是男女在新地方组成自己相对独立的新家庭。

其次，是对婚姻居住地的选择。关于这个问题形成一致意见并不容易，它受到许多现实因素影响。一是男女双方的意愿。如果两人想法一致，那还容易解决，如果两人想法产生了分歧，那么再往下进行就显得困难。社会存在决定社会意识，个体意识同时还受个人基因倾向等内在因素影响，怎么能保证彼此的想法会完全一致呢？所能达到的较好结果就是达到一个基本相似的想法。如果双方能在这个问题上形成比较相似的想法，那就具备了向下一步发展的"集体意识"的平台。二是男女双方是否具备相应的物质条件。虽然在婚姻领域谈论物质条件会有些世俗之嫌，但如果没有男女主体自身创造的、双方所在始源家庭力所能及支持的、所在社会根据政策无偿提供的那些生活必需品，恐怕任何的对居住地进行选择的意愿都不能实现。房屋或住所是婚姻的必备条件之一，即使开始没有，在通过借住、租赁等过渡性措施之后，最后还得拥有自己的婚姻的住所。三是相应的政策法律保障。国家政策允许、法律制度有保障，才能顺利选择理想的栖息地。在以上三个因素确定之后，居住地就基本能确定，但在对此三要素进行分析的过程中，夫妻双方经常会出现不一致意见。

最后，是社会联系网络。"婚姻双方的两个家庭因缔结婚姻而联系在一起，从而使远亲也联系在一起。"[1] 因婚姻而形成的社会联系主要由三部分组成，即男女作为个体自身在婚前婚后所拥有的社会联系、男女始源家庭婚前婚后所拥有的社会联系、男女新家庭在发展过程中所形成的社会联系。这其中既有行业联系、地域联系、合作联系，也有长期联系、短期联系和瞬时联系，还有紧密联系、一般联系、松散联系。联系是一个互动过程，随着时间推移，联系也处于动态变化的万花筒中。有的联系远走了，有的联系到来了；有的联系紧密了，有的联系松散了。联系受到多种变量影响，并不能完全由主体自行把握。联系源于人的社会性或能群性，其现实意义在于相互扶持、相互帮助、克服生活困境、共铸生活辉煌。现代社会，联系范围、联系方式、联系目标等均与传统社会有所不同，快捷化、多样化、效益化是重要特性。随着新家庭的建立，以之为基础的社会联系网络也存在着建构、运行和退出过程，如果在此过程中男女双方各执己见，则很容易影响家庭目标实现。

---

[1] ［美］W. 古德：《家庭》，魏章玲译，社会科学文献出版社1986年版，第72页。

"嫁娶模式、居地选择、联系网络"三个元素及其生发的诸种现象是家庭目标实现过程中需要协同的主要因子，这几个方面协同主体是作为配偶的男女双方。如果协调不好，出现"协同困境"，就会使家庭航空母舰"舵把摆动"，从而影响到家庭发展方向、家庭发展规模、家庭发展高度。协同过程中不但需要科学考证、议事规则，更需要伦理理念。事实与理念之间，事实提供现实、理念提供理想，事实提供当下、理念提供未来，事实提供资料、理念提供方法，事实提供片面、理念提供整体。没有共同的伦理理念，很难出现高效和谐的家庭协同行动。

(三) 家庭项目："项目与能力之间的供需矛盾"

在家庭目标确定、家庭元素协同之后，接下来就是开展实现家庭目标诸种活动时间了。家庭活动所包含的项目类型多种多样，有计划项目，也有临时项目，有大项目，也有小项目，有意识到的项目，也有没意识到的项目，有助于家庭目标实现的项目会被保留下来，无助于家庭目标实现的项目会被淘汰，而介于有用无用之间的项目则处于或启用或闲置两极的随机切换状态。有的家庭项目来源于既定的社会共同体，是所有家庭普遍享有的福利或权利，这个往往是家庭得以存续的基本保障；有的项目来源于所在社会共同体的提倡，但将从事或不从事的权利交由各个家庭自己去决定；还有的项目是社会共同体作为环境存在并没有给以指令或指导，而是完全由家庭自己根据人类本性发展的一般需要来进行创新性设计、制造和开展，这往往同时对社会发展具有重大意义，而不仅仅是对具体家庭发展有帮助。就其指向的要实现的家庭总目标的性质而言，家庭项目主要有人口项目、经济项目、教育项目三类。

1. 人口项目。

人口生产无疑是家庭最为重要的事情，因为它直接关系到人类的繁衍和增长。人口生产项目主要涉及人的诞生、人的成家、人的养老等方面的计划、制度和行为。人的诞生需要男女两性的生理基础、家庭成员的大力支持和社会时代政策的允许，其中的主体性力量就是男女双方。男女双方可以就生育人口的"时间、地点、数量"等内容做出选择。

时间选择存在客观时间、主观时间和随机时间三种情况。客观时间是按照自然节律的变化而选择受孕、怀孕和分娩的时间节点，以自然界的某一时间点作为这些生育活动的开端，虽然这些生育活动未必能够完全与所期望符合的客观时间节点一致，但是这些生育活动在最初的选择时是以客观时间为依据的，也受到客观时间的范围控制，因为从怀孕到分娩的时间是个相对固定的时间条件。主观时间与客观时间相反，不是依照自然时间或历法时间的变化来决定自己的生育，而是完全依照男女双方尤其是作为生育灵体的女性的自身年龄来作为生育的根据。或者选择21岁，或者选择28岁，不一而足。随机时间是最为常见的生育时间选择模式，就是在男女结婚之后，并没有刻意选择生育时间，而是随机地受孕、怀孕和分娩。随机生育是一种完全自然的态度，因此婚姻生活也要随着新生命诞生而自然进行调整、适应和转换。

生育地点看上去是一个不容选择的因素，因为何时瓜熟蒂落乃是一个不能完全由人类所把握的自然问题，但是，这并不意味着人类对生育地点没有一定限度的选择性。毕竟，从生育信号出现到分娩过程开始，存在一个短暂缓冲期。生育地点分为三种，即自然地点、社会地点和家庭地点。户外分娩的地方称为自然地点，田垄地头、旅途当中、战地原野、森林船板等均属自然地点。自然地点分娩，或者出于主观原因，或者出于客观原因，但身为孕妇，应当尽量保护自身，避免户外或露天生产，风险大自不必说，波及婴儿健康也未必可知。如果迫不得已进行户外选择，则应努力发现周围可用的一切条件确保产妇与婴儿安全，而这一点，是有关人口生产伦理的最大要求。社会地点一般是指社会中所组建的专门生育场所。在现代社会，主要以妇幼医院等面貌出现。社会地点凝聚了大量专业技术人员、先进科技设备和丰富助产经验，无论是现代生育技术下的顺产、剖腹产或特殊情况的紧急处理，均有良好医疗方案应对，比较自然地点，相对更加安全。但也必须注意，不同国家、地区自身发展水平及对生育事务的重视程度不同，具体的分娩场所自身所具备条件也有差异，所以，不能将所有分娩机构的生育保障能力同样看待，而必须具体机构具体分析。然而，无论如何，现代社会对生育技术的掌握已经达到相当高的水准而足以使用，任何生育机构均能承担此非凡重任。就此而言，"自信和相信"也是生育伦理的基本道德要求。对产妇而言，社会地点由于是外在于家的一种新的、临时性的、存在大量陌生面孔的场所，因此孕妇往往会出现某种程度的焦虑感。这种焦虑感使得孕妇一种在自己所熟悉的环境里生产的愿望，于是家庭成为地点中的第三个类型，同时也是最高的、最温馨的生育场所。但家庭中的分娩设备缺乏，因此，需要及时将专业人员、专业技术、专业设备请进家门。这是"对生命本身的敬重"。

生育数量是具体家庭所生育子女的个数。现代社会，由于生殖技术进步，生育数量分为天然数量和人为数量两种。所谓天然数量，是不加任何意识控制的自然的人口出生数量。所谓人为数量，是指婚姻主体在干预自然生殖能力后所生产的子女数量。天然数量与人为数量相结合，形成现实的生育数量。可能是子孙满堂，也可能生育几个，或者干脆一个不要。生育数量离不开具体家庭和男女个体，但生育数量并非单纯属于个体私事，因为它同时在影响社会整体的人口数量。在既定历史和区域，能够使人口高质量发展的资源是一个相对稳定的常数，在此情况下，很容易出现社会对生育数量的影响权而不仅仅是个体生育选择权。社会或者是通过经济政策，增加子女养育成本而降低个体生育数量、降低子女养育成本而提升个体生育数量；或者是通过法律手段，将生育超标或生育降低作为法律的调整对象；或者通过宣传工具，使育龄青年认识到多生或少生的必要性、紧迫性和重要性，从而利用现代生育技术自觉降低或增加人口生产数量。然而，必须认识到，在外在调控与主体行动之间，并非线性代数关系，而是存在着许多非常量因素的偶然的但却是实际的影响。治理社会中任何现象都应当正视这一事实，因为任何一种社会现象至少由自然规律、社会规律、个体规律三者共同作用，其中所涉及的难以数计的显性因素、隐性因素的影响并非仅仅只用几个数学公式、社会公理、个体倾向等就能分析解决，而是需要在充分把握其中所有逻辑关系的基础上进行综合引导、综合帮助和综合治理。生育数量的社会调控与自我调控相结合、充分尊重生育主体的生育意愿、在保障人口数量的情况下持续提升人口质量、实现人口质量分布区域的均衡化、合理化和常态化，乃是生育数量方面的伦理要求。

在新的生命诞生的那一刻，母亲会落泪，从心底里欢迎自己孩子的到来同时也本能地发愿养好自己的孩子，使自己的孩子和别人的孩子过得一样健康、美好和幸福。母亲的伟大不仅在于生养了子女，还在于倾其一生来为孩子的成长和发展默默地付出和无私地奉献，母亲是孩子的天。在新生命诞生的那一刻，父亲也会落泪，感恩生命的恩赐、感谢妻子艰辛的付出和伟大的贡献，并发誓要通过自己的奋斗和努力让孩子有一个幸福的人生和美好的未来。在新的生命诞生的那一刻，妻子和丈夫双方的老人也往往会淌下期待的泪水、喜悦的泪水、幸福的泪水、责任的泪水，所有的亲朋好友会倾心祝贺，祝贺家中又增添了一个鲜活的生命，乃至所在部落、社会或国度也会对新生命的到来表示欢迎、喜悦和赞叹。这种美好的人类情感，非常纯真和朴素，这便是"原初善"的最直接体现。如果这种"生之大德"所带来和启动的"真诚、关心和喜悦"的风尚能够成为风俗，而不是仅仅像水面的涟漪一样一闪而过；如果人类这种健忘的生命形式能够依旧记得"初心"，在时间、空间和万象的穿梭中能够经常掸去遮蔽本性的无益灰尘，而能依照"初心"的光辉来自觉矫正自身的偏见或乖行；如果人类将更多的注意力投向"生"以及"生之和谐"这种"人伦之始"，而不是忙着为食物、地盘、面子，或者说利益、地位、名誉而进行非理性的、无节制争斗、抢掠、战争，而只是以有序合理竞争来促进作为整体的"实体"的全面发展和长足进步；如果每对育龄青年都能克服惶恐心理而勇敢地承担起自身所负的神圣的合理性生育任务而不胆怯后退；那么，人类必然会同时拥有美德和幸福、享有伦理和科技为人类带来的重大福祉，造就一个"仁且富"的、善良与力量并存的、通往"至善"的理想社会。

2. 经济项目。

"经济"原意为"经邦济世"，现代则泛指一切与物质财富有关的活动，就其现实性而言，包括衣服食物、住宅交通、厨具药品、能源原料、器械工具、书籍手机、花卉草木、家畜饲料、泥土沙石、山川河流。凡是能为人类生产和把握的自然物、社会物、人工物均属于物质财富。因物质财富有其使用价值，所以是一切经济活动的起点和重点，扩大物质财富增量是经济发展的主要目的。家庭经济项目的开展是为家庭生存、发展提供必需的物质资源，它伴随家庭发展全过程。家庭经济项目的开发与现代社会相适应，其主要活动领域有采摘渔猎、农业生产、产品制造、商业交往、金融生利、信息谋财等活动。其中有些领域收益比较稳定，如采摘渔猎、农业生产；有些领域收益稳定性一般，如产品制造、商业交往；还有的收益性并不稳定，比如金融生利、信息谋财等。经济项目在不同家庭中开展情况不同，有的家庭因经济项目而获得的收入能够满足家庭需要，有的则不能满足，甚至家庭基本需要的维持都很困难，还有的家庭不但能够满足家庭需要，还能为社会提供剩余财富。

如果从伦理学视野对其进行分析，我们可以将家庭经济项目分为普通经济项目、特殊经济项目、冒险经济项目三类。普通经济项目是指婚姻所在区域中普遍流行的生产、交换、消费等经济活动。例如，处于种植地区的婚姻家庭所从事的粮食生产活动，处于渔业地区的婚姻家庭所从事的养鱼行为。普通经济项目与所在区域的气候、自然条件、社会分工、文化氛围等有直接的关联，往往是历史形成的某些习惯性行业的经济活动。它能够满足家庭的基本生活需要，但不能使家庭在经济财富中凸显出来。特殊经济项目又可称为个性经济项目，是指每个具体家庭在发挥自身独有特长的基础上所形成的专业性的经济活动。例如，家庭中存在世代相传的医术，因此开办一个诊所；又比如家庭具有商业气息，因此在城市里开一个店铺。特殊经济项目与家庭技术含量有关，需要相关家庭成员的艰苦努力和团结合作，它能提升家庭的经济增量，但不是每个家庭都幸运到可以从事这种项目。冒险经济项目既不像普通经济项目那样需要多少年如一日的辛勤努力，也不像特殊经济项目那样需要家庭有某种特殊的技能，它是指家庭所从事的时代、国度和风俗同时允许存在的投资性的经济活动。例如，购买企业债权或者买卖股票，还有某些国度存在的博彩业。之所以将这些活动称为冒险性经济项目，是由于从事这些项目既可能一夜暴富，也可能血本无归，具有很大的风险性。它与金融活动密切相关，也需要对相关金融信号有直观而准确的判断，但并不能保障所有活动必定盈利，而毋宁说是一种博弈型的经济理性、经济现象和经济舞台。没有普通经济项目，家庭无法生存；没有特殊经济项目，家庭无法富裕；没有冒险经济项目，家庭不存在暴富的可能。可以说，普通经济项目主要对应第一产业，特殊经济项目主要对应第二产业，冒险经济项目主要对应第三产业，这三个项目之间，应存在适当的投入比例、经营模式、盈利方法。第一个项目的主要内容是生产，第二个项目对应的内容是服务，而第三个项目所对应的内容则是博彩。因此，前两个项目对应的是实体经济，第三个项目对应的是虚拟经济，两者在对物质财富实际增长的贡献方面，并不相同。婚姻主体应当对自身所形成家庭的实际情况进行分析，根据发展时期、空间特色、成员技能等因素协商确定家庭经济发展规划。这个过程中，最容易出现意见分歧的领域是博彩领域，尤其是当博彩行为已经实际远离法律和道德要求而仅仅成为一种奇范性存在的时候，婚姻主体更容易展开激烈论争。任何时候，赌博行为都不属于伦理所赞赏的行为，也不是婚姻家庭中应该存在的谋利行为。赌博行为或非理性的其他任何冒险性投机行为都应竭力避免。这样做，有利于婚姻家庭的稳定和繁荣。

3. 教育项目。

家庭教育主要包括三个部分，即养生教育、技能教育和德性教育。这三种教育所面对的对象是所有家庭成员，但其教育重心却往往是长辈对晚辈的教化、训练和引领。家庭教育与家庭整个存在过程相伴随，对于具体家庭成员来说，则是整个一生都要受到的教育。家庭教育的主体、内容、方法均具有变化性，同时也具有相对稳定性。家庭教育仅仅是家庭成员所受教育的一部分，因为家庭成员自己还会自觉或自发地从社会乃至自然接受教育。

生存教育主要是一种养生教育、安全教育和健康教育。人生存于世界，首先要知道哪些东西对人的生命存在有利、哪些东西存在伤害。婴儿时期对东西的选择由父母直接代劳，婴儿被严密管理以免从床上滚落或吞硬物入口。儿童时期其自身具备了自由活动能力但智识未开，父母或其他监护人更是昼夜守护寸步不离、叮咛其要吃饱穿暖、早睡早起、形成良好生活习惯。青少年时期体力、智力大增，但年轻好动，又嘱咐其远游时千万不要脚踏危险之地，更不能随意摘吃野生瓜果。等到成年时期到来，虽然其生活习惯已基本养成，但又受到了成年世界里抽烟喝酒等风气影响，如果不指出吸烟与过量饮酒所带来的危害，也会对其身体带来伤害。无论从事何种职业，均要不断提醒防止职业疾病确保身体安全。待到老年已至，生活能力已经大不如前，这时子女就会嘘寒问暖、陪伴伺候、不离身边，有些养生习惯已经无意识坚持，往往依靠完备的监督照顾。安全教育包括人身安全教育、财产安全教育和社会安全教育等类型，也是在明示或默示的状态中逐渐进行的。健康教育是关于身体保养、疾病预防、疾病治疗等方面的教育，它所介绍给家庭成员的是切实可行的方法、用品和途径，而不是一种脱离实际的想象出来的关于健康的维护、恢复和提升方式，有的家庭对此教育比较重视，但对于家庭成员健康状况比较好的家庭来说，这些教育往往没有有意识地重视和进行。养生教育、安全教育、健康教育是养生教育的主要内容，三者结合在一起，相互渗透，伴随人的一生。家庭教育中，总是有意无意地在对家庭成员进行生存教育。

技能教育是一种生活技能教育、生产技能教育和成才技能教育。一般而言，生活基本技能首先来源于家庭，而且多数人是在无意识状态中习得；但就施教主体而言，则往往可能是主动施教的结果。生活技能的学习和教育在现代社会往往受到忽视，怎么样准备饭菜、怎样打扫卫生、怎样缝补衣物、怎样存取款项、怎样使用手机、怎样更换灯泡、怎样饲养家畜、怎样挖掘水井、怎样修造灶台、怎样建筑围墙，等等。如此微小的事情看似无足轻重，但它们却构成了现实生活的实实在在的部分，同时由于这些基本生活技能本身在不断地发展、更新和变化，因此往往成为影响婚姻质量、家庭生活的很重要的因素。生产技能教育因家庭技能不同而有所不同，而且在家庭技能比较突出的家庭里，家庭成员往往能受到直接教导或无意熏陶。农家的家庭成员具有耕种稼穑的长处，工人家庭出生的孩子可能自小就对机器设备抱有浓厚的兴趣，知识分子家庭的孩子有可能从小就被要求读书，手工业者的家庭孩子就会磨豆腐、酿酒、制造宫灯或其他手工艺品，商业家庭的孩子从小就喜欢学习与人沟通的技巧。所有这些以及其他都是家庭传承或中途增加的有关生产的技能。生活技能与生产技能的区别在于，生活技能会使家庭生活更方便，但其不产生增殖效应，生产技能也会给家庭带来某种程度的方便，但其最主要的功能是增殖，这种增殖会给家庭带来收入的增加，同时也会给社会增加物质财富。生产技能必须是与时代相适应同时具有竞争力，而竞争力的形成要素主要包括满足人类实际需求的程度、技术先进性程度、社会的知名程度三个方面，家庭拥有的技能是否拥有竞争力、如何保持竞争力、怎样提升竞争力也需要考察这三个方面。在这三个方面之中，最为重要的是"满足人类实际需求的程度"要素。任何一件商品、一种服务或一项智力成果，其能否为世界所认可、接受和应用，而提供者也因此得到劳动回报，关键之点在于这些商品、服务、智力成果能否真正方便世人、造福世人、提升世人。如果没有这样一种真实性功能的存在，那么任何外在的广告或包装均不会产生长久的增殖作用。成才技能教育是将家庭成员培养成社会所需要的人才。这种教育往往是将家庭教育与社会所开办的教育类型相互一致起来，提早或从侧面帮助家庭成员的成长，期望家庭成员长大或走入社会后能拥有自己的一技之长。成才教育需要受教家庭成员的相应天赋、足够的教育基金、诸多真实而科学的教育机构的存在等条件为前提，往往需要经历一个长期的过程，同时需要付出艰辛的努力。这一点并不因为所在地区或社会发展的程度不同而有根本的差异，差异仅在于不同地区或社会的成才标准有所不同。成才技能教育又是通识教育、资格教育、能力教育。进入某一个领域开始上轨道，称之为通识教育，经过学习和训练通过了考试或达到了要求，具备了亲自动手的自身知识的条件，称之为资格教育，而在从事某种行业时不断地学习进步提升段位，那么就称之为能力教育。通识教育、资格教育、能力教育三者并不是截然分开的，而是同步进行的，只是在某一时段以某类教育内容为其重点或核心而已。成才技能教育过程中所有家庭成员应当具有平等的教育和受教育权，没有成才技能教育，就没有家庭进步和社会发展。所有上述的家庭教育行为，可能是系统进行的，也可能是零散进行的，或者是自觉的，或者是自发的，或者显态的，或者是隐态的，要么是坚持久远的，要么是坚持一定时期的，但却是客观存在的。家庭教育的对象是人，而人是一切生产活动中的最重要元素。在技能家庭教育之后，接下来就是家庭的德性教育。

家庭德性教育是最难进行的内容，因为它关涉到道德价值观的形成。生存教育、技能教育能使人感受到切实的用处，同时这两项教育又具有某种程度的普遍适用性，因而在进行时不会遇到太大阻力，除非受教育者对此完全没有兴趣，否则总会与家庭成员中的施教者达成一致。但是德性教育却与此不同，因为它不是对物理规律的交流，而是对伦理规律的灌输，物理规律源于自然，而伦理规律则在很大程度上取决于不同个体的自由意志，于是就出现了很大的教育难度。除此之外，施教者的水平、施教的内容、教育对象的天赋等因素也在发挥着作用，个体化的家庭很容易形成个性化的存在。而不同家庭所形成的伦理气质或道德风格的差异，往往是在家庭进入社会领域后能否彼此和谐相处的重要关联因素。家庭所在的社会共同体往往根据人的行为规律设计和提倡一套共性的家庭伦理、社会伦理、国家伦理等方面的行为规范并力图使它们彼此之间能够实现最大限度的一致和契合，就家庭具体成员来说，则可以称之为家庭公共伦理、社会公共伦理、国家公共伦理。由于有了这些基础的伦理平台，共同体内的诸组成因子才能相互沟通、相互交流和相互合作。但这些基础的伦理平台并没有否定道德的多样性，道德是个体的，因个体的特点不同而有区别，道德的多样性与伦理的整一性并不矛盾，而且当从更广阔的视野进行观察的时候，就会发现伦理变成了道德，而在以伦理为基础的道德上又形成了新的伦理，直到进入人类文明发展所能理解到的时代的最高实体高度。家庭德性的教育方式往往是父母之于子女，或者是长辈之于晚辈，同辈之间或家庭成员彼此之间也会相互影响，但相互进行德性启蒙或德性教育的机会并不多，因此，在家庭中，作为长辈的父母对于德性的理解、对于德性内容的认识、自身所实践的德性的程度等因素十分重要。如果疏于对德性的理解或者存在误解误读，那么整个家庭成员都会因此受到熏染和影响。

家庭德性的教育媒介往往与人类社会的治理性的规范器具相一致，虽然很多家庭并没有明确意识到这种现象。随着人类的诞生、成长和发展，生产力水平的不断提高、文明形态的不断进步和演化，人类治理规范工具也存在着一个由主要依托宗教、到主要依托伦理、再主要依托法律的过渡和演变过程。宗教是原始时期最为重要的社会治理方式，图腾崇拜即是原始宗教的典型表达；伦理是生产力有了一定发展后，人类对于自然现象的恐惧度降低而产生的治理模式，这时主要依靠人的力量发展，因此需要伦理的团结；但随着机器时代的到来，机器似乎成为了生产中最能提高生产效率的因素，每个个体的物质生活在很大程度上有了基本保障，于是个体意识空前释放，这时就主要用法律来治理社会。宗教所使用的方法是自然，伦理所使用的方法是人类，法律所使用的方法是器物。但这几种治理方式或规范工具不仅是历时性存在，也同时是共时性存在。它们作为规范工具，其中存在着大量的价值因素，尤其是进行引导和疏解的德性理念。如果说宗教培养的是人的"敬畏意识"、伦理培养的是人的"感恩意识"的话，那么法律所培养的就是人的"规则意识"。宗教对于信仰宗教者会发挥作用，但对于不信仰者不会发生直接作用；伦理对于具有伦理教养的人会发挥作用，但对于对伦理不屑一顾的人来说则不会发生实质影响；而法律则不同，它是一种普遍的调控工具，是一种强制性规范，而不像宗教是一种启发性规范、伦理是一种引导性规范，因此，法律能够适用或调整属于共同体的所有成员，包括自然人、法人和其他组织。不同文化系统对宗教、伦理、法律的认知、设计和实践不同，因此家庭教育可资使用的教育材料也不相同。但是这三个规范性的调控工具也存在其各自的公共本质，它们彼此之间也存在着基于普遍物的相互联系或者说是存在着作为普遍物的共同来源，因此家庭教育应根据所在文化系统的特点，进行合理的规范方式的有机教育，同时能够通过将三种规范方式的积极有效的价值作用应用到家庭成员的德性发现和升华上来。"大学之道，在明明德，在亲民，在止于至善。"（《大学》）家庭是孩子的大学、家庭是所有家庭成员的大学，而且这个大学要用一生甚至更长的时间去读，家庭德性教育直接关涉到个体、家庭甚至社会的教养程度、文明程度和生态程度，它是关涉未来的，因此也是最不容忽视的大事。跟"生存教育、技能教育"一样，在家庭中所进行的"德性教育"也是一个动态的不断发展变化的过程。

（四）婚姻结果环节的危机表现

行文至此，我们已经把"家庭目标的确定、家庭元素的协同、家庭项目的开展"三项家庭主要事务活动分析清楚。如果我们将贯穿于这三者之中的现代婚姻危机再予以综合概括或抽象提炼的话，可以形成如下认识：在所有上述事务中，起主要作用的是夫妇双方，由于双方的禀赋、经历、见识等因素的不同，很容易在这些事项的开展过程中出现矛盾或摩擦，这些矛盾或摩擦主要表现于意识危机和行为危机两个方面。

一是意识危机。

表现之一：作为婚姻主体的男女双方并没有明确意识到家庭事务的存在，而只是随波逐流地开展家庭活动。既然是随波逐流，那么遇到顺利的环境时，家庭发展就顺利，而遇到困逆的环境时，家庭发展就容易遇到困难。这实际上是放弃了家庭事务领域的主观能动性。"凡事预则立，不预则废。"（《礼记·中庸》）解决这个问题的办法是向过来人或婚姻成功者学习和请教，直接或间接学习成功婚姻经验。

表现之二：作为婚姻主体的男女双方对如何确定家庭目标、如何协同家庭元素、如何开展家庭项目等事项缺乏同一性认识。每个人认识世界的角度均不相同，同一性认识是将彼此之间的个性化的差别性的认识除去，而保留两个人认识中的共同的部分。之所以称为"同一性"而不是"统一性"，是因为同一性所指的是两个人意识中的共同性部分、交集部分，所形成的一种平等的意识关系；而统一性所指的是一方的意志将另一方的意志包含或吞并，所形成的后果是一种不平等的意识关系。解决问题的办法是，将两个人的想法呈现于根本规律面前，接受根本规律的检验，如果符合根本规律，那就可以成为同一性意识的组成部分；如果不符合根本规律，那就放弃个体的甚至个体相交的意识部分。

表现之三：作为婚姻主体的男女双方的"个原主义"思维强烈。现代化也是一个个体理性化的过程，个人成为需对个体生命及生活负责的反思性主体。"个体化"是德国社会学家贝克、英国社会学家鲍曼、吉登斯在分析现代性语境下社会历史及个人生活方式变迁时提出的关键词，意指个体从旧有的社会性羁绊中"脱嵌"出来的过程，这些社会性羁绊包括一般意义上的文化传统以及那些界定个体身份的社会范畴，例如家庭、亲属关系、社群和阶级等。现代社会的基本的公民权利、政治权利和社会权利，以及维系这些权利所需要的有薪工作、培训和流动，是为个体而非群体配备的。基本权利已经内化，人人都希望或必须积极参与经济活动以谋取生计，个体化的漩涡已经摧毁了社会共存的既有基础。从个体化进程的结果看，个体化一方面使人们摆脱原始共同体的约束和依附而获得独立、自主和自由，另一方面在实践中造成社会的疏离化、社区团结和人际关系的松弛，个人脱离社区共同体而成为居无定所、漂泊不定的原子化个体。个原主义思维延伸到婚姻家庭领域，就会造成内在的矛盾与冲突。一方面，个体为了寻求新的依托和安全网，需要回到家庭和私人关系网络中寻求保障；另一方面，夫妻双方在家庭中仍秉持自我中心主义的思维模式和行为方式，势必产生冲突和矛盾。而这种冲突无法从"个原主义"自身找到突围思路。

二是行动危机。

表现之一：作为婚姻主体的男女双方从事家庭事务的行为能力不足，难以在婚姻所处时空中推进家庭发展实现家庭目标。这种情况既可能源于男女个体已有的能力高度，也可能源于男女个体对新知识、新技术、新时代的把握程度，还可能是由于环境变迁或环境更替导致原有能力的失灵、受制或无效。这种能力不足经常会使家庭事务发展愁云密布、困难重重。解决之道是不断提升自身的能力和家庭整体能力水平，同时应坚定一种理念，即不同家庭所产生的具体条件、所面临的时空舞台、所拥有的人员结构等因素并不一样，每个家庭有各自的境界、风格和特色，这主要是客观原因所致。家庭事业的推进和其他事业的发展一样，都需要主体条件和环境条件的一致和契合，欠缺任何一项要件或环节均不能有效促进事业的发展。只要一对夫妇为家庭的发展尽了努力，就无须再过度关注结果，就应因此而自豪并相互赞叹、相互欣赏。从根本上说，一切事业的发展均是过程，以人为核心才是关键。人是起点、过程和终点，人又是根据、依靠和目的，以人为本是一以贯之的道理。

表现之二：作为婚姻主体的男女双方合作行为不足。这典型地体现在关于家庭分工问题的讨论上。从历史和逻辑相结合的维度看，男女分工经历了"女性为主""男性为主""男女平等"三个过程或三个环节。这种分工的变化一方面是由于男女两性所具有的生理特征不同，另一方面则是社会生产力不断发展所带来的演变。就生理特征而言，女性在生育方面具有很大的贡献，心思细腻敏感是其心理特征，而体力相对娇弱也是不争的事实。男性相对而言体力比较强壮、心思粗犷宽阔而任性。这种生理差异不会随着时代变化而有反转，所经常变化的是社会生产力水平。初民时期，女子负责采摘、男子负责渔猎，获取食物处于高度不确定状态，这时需要多生养以保障人类的繁衍，于是承担生育职责的妇女就受到更多的尊重乃至敬仰。随着农业时代的到来，耕种放牧等耗费体力的工作成为物质生产的主体，体力相对强壮的男子在社会地位上跃居首位。在工业时代到来后，机器诞生使人类的生产和活动范围愈益广泛和深入，人类社会进入了主要依靠促进创新和智力来发展的时代，而这为真正的男女平等奠定了坚实基础。家庭分工与社会分工未必一致，但基本原理是相通的。只有明白分工的原理，才能发现合作的魔盘：分工即合作，合作即分工。了解作为婚姻主体的男女个体的秉性脾气、性格特点、特长与不足，才能找到相互合作的最佳方案，实现夫妇双方的共同发展和家庭事业的持续进步。

表现之三：作为婚姻主体的男女双方在为家庭事务奋斗的共同行为中撤离。婚姻是一件神圣的事情，婚姻也是一件需要方方面面的持续努力才能维持和发展的事情。现代社会采取一夫一妻制的文明婚姻制度，虽然有种种外在的社会或国家的保障，但就婚姻当事人来说能够用一生一世去和另一个独特的人相伴而且不出现任何让人诟病的现象，也不是一件容易的事。正因如此，完美的婚姻才令人赞叹。而在"相濡以沫"的困境或"相忘于江湖"的顺境中能够自始至终地相互肯定、相互欣赏、相互合作、相互鼓励、相互帮助、相互成就的男女双方就更是值得赞誉，古今中外的很多文化对此均予以了肯定和称赞。但婚姻的价值引导并不必然导致完美而值得称赞的婚姻，因为很多客观因素在变化、婚姻当事人的自身情况也在变化，所以在快节奏、高密度、多方式的现代社会，给予了当事人充分的婚姻自主权，即婚姻自由。婚姻自主权或者说婚姻自决权、婚姻自由与其说是外在制度赋予的，毋宁说是时代进步自然演变的结果。这样一来，就不排除在婚姻实践领域中会有中途退场或半路逃跑的事情发生。这种中途退场或半路逃跑的情形可能是由于婚姻主体自身动摇、游移或迷惑，也可能是婚姻主体之外其他因素的诱惑、强迫或命令，或者是婚姻主体与婚姻所在环境的双重作用。这就导致法律所说的离异。离异现象会使整个家庭事业从一个全面发展态势转变为一种片面发展态势，或者使家庭事业发展限于暂停性的原地徘徊状态，甚至会使数十年的全神贯注的家庭努力付诸东流，因此是一件很容易给人造成巨大伤痛的事情。离异不仅是家庭损失，更是面向未来的年幼子女的损失，因此是一种未来损失；离异所导致的伤痛和负面影响会直接作用到双方的始源家庭、亲戚朋友、社区村落，乃至通过公共媒体或自媒体传播而影响到整个社会的婚姻信心、物质生产和人口进步。离异原因众多，预防的主要办法是在婚姻之前作好选择，婚姻之后作好宽容和理解，同时要努力消除那些随时可能出现的影响婚姻家庭的因素。"选择你所爱的，爱你所选择的"虽然通俗得近乎一句俚语，但其恰恰道明了婚姻美德的真谛。虽然离异但尚未离世，这虽然造成了巨大伤痛而需要很久的时间才能恢复，但毕竟这个曾经和自己有缘分的人还在世界上游荡。最令人难过或遗憾的是在家庭事业奋斗的过程中一方突然离场，这种离场可能源于疾病，也可能出于意外，还有可能是由于战争，无论是何种情况，虽然所导致的伤心程度不同，但在伤心这一点上却是共同的。婚姻不是一个永恒的存在，婚姻是人生中阶段性存在。结婚之前的时光自己过，当配偶一方离世之后还是自己过，虽然这就是婚姻世界的事实，但人类作为具有情感的高级生命形式，非常希望能够相伴终老，这就需要作为婚姻主体的男女双方应当从年轻时候开始就要注意互相嘘寒问暖，互相关心饮食起居、互相照看心情变化，防患于未然，化解于萌芽。但这种离世还不是最可怕的，最为恐惧的事情是在配偶一方离世之后将其自身的精神也带走了，这时在世的配偶就感受不到曾经的关爱，也看不到离者所使用过的物品，甚至无法记忆起配偶生前所说过的任何一句话，这并非理论推测，而是在真实的婚姻世界中确实偶有发生，可以称之为离心或离神。为避免这种现象的发生，就需要男女双方从婚姻之始就要心存善意、在家庭实体精神的引领下互相爱护、不能说伤人的话，在受苦时记得苦处可由自己一力承担，在取得成绩时要想到和爱人一起分享，因为爱人和自己是一个整体。任何人在任何时代组成任何形式的家庭，均应对爱人、家人、亲人有一个理性光辉的关照，不能把任何外在力量的扭曲或干扰开渠放水引入家庭。家庭具有环境性，同时具有独立性，保持与时代和谐的家庭相对独立性就是理性的关照。具有相对独立性的家庭是有自己专长的家庭，因而能在人类社会中做出更为有效的贡献。由于"离婚、离世、离神"所导致的行为方面的中断非常令人难过，因此个体、家庭和社会一直在为这几个方面进行价值引导、制度设计、渠道建构；但最好的结果仍旧是作为婚姻主体的男女能够相伴相随从年轻一直平安走到老。婚姻其实也是过程，过程中有风雨彩虹、过程中有酸甜苦辣、过程中有清风明月、过程中有跌宕起伏、过程中有敬老爱幼、过程中有共事稼穑、过程中有情绪激昂、过程中有美好成果，人成就了婚姻，婚姻成就了人。人在婚姻应当超然婚姻，人懂婚姻而又要建设婚姻、人重视婚姻又要对婚姻充满信心，如此才能促进幸福美好婚姻的形成。

# 第三章 现代社会婚姻的伦理理念

现代社会婚姻危机的治理方法多种多样，技术手段、制度手段、文化手段均可根据实际情况加以运用。但在运用这些治理手段时，需要一种内在的价值体系作支撑。如果没有价值支撑，所有的治理手段都有可能偏离原初的目的。这种价值体系是一种"应当"的体系，"应当"所反映的是人的理想之境或梦想追求，实际上是人类对美好幸福生活的向往。自人类诞生以来，所有的努力都是向着"应当"的努力，是发展对人类有益的事业而尽量避免侵蚀人类社会平台之不幸事件的发生。我们根据"文化伦理学"基本原理，分析我们在婚姻之伦这一伦理关系或伦理实体中所应当坚持的价值理念。

## 一、理性："智慧的婚姻"

### （一）"本体理性"

古希腊哲学家在本体论层面上对"宇宙理性"进行揭示，建构起西方最基本的理性主义文化信念，即世界是合乎理性的存在结构。人作为理性的存在物可以通过理性把握世界的结构，从而控制和操纵自然。赫拉克利特把世界归结为一团按照"逻各斯"而永恒燃烧着的大火，这"逻各斯"的原初意义就是"集聚""规律""理性"；柏拉图视理性为宇宙的本质，用作解释世界存在的根据。到了近代特别是德国古典哲学时期，理性概念得到了深化。康德把理性同知性概念区别开来，认为理性概念是关于无条件的和绝对的东西的概念，是超越经验的纯粹理性形式，理性存在着理论理性和实践理性两种基本形式。黑格尔把理性看作"理性的观念""真理的观念",它是概念发展的最高阶段,是概念与实在、主观性与客观性的统一。马克思肯定以往哲学家将理性区分为理论理性与实践理性这样两种基本形式,但他批评以往哲学家对理性所作的先验的唯心的理解,宣告"哲学家们只是用不同的方式解释世界,而问题在于改变世界",阐明"感觉通过自己的实践直接变成了理论家"。韦伯将其称为工具理性与价值理性或形式理性与实质理性,伽达默尔将其称为方法理性与实践理性,法兰克福学派将其称为主观理性与客观理性或工具理性与交往理性。[①] 在此历史演变过程之中,康德、黑格尔哲学对理性概念使用具有典型意义。

康德认为,人的理性应当有一个超越于满足感觉世界的更高的使命。"人属于感觉世界;人的理性当然有一个无可否定的感性层面的使命,即照顾感性的关切,并且为今生的幸福起见,以及可能的话为来生的幸福起见,制订实践的准则,在这两点而言,他乃是一个有需求的存在者。但是,人毕竟不是那种彻头彻尾的动物,以致对理性向自身所说的一切也都漠不关心,而把理性只是用为满足他作为感觉存在者的需要的工具。因为,人虽然具备理性,然而倘若理性仅仅有利于达到本能在动物那里所达到的目的,那么在价值方面这就完全没有使人升华到纯粹的动物性之上;这样,理性仅仅是自然用来装备人以便其达到他规定动物所要达到的那个目标的特殊方式,而不给他更高的目标。当然,人在一度赋予有这种自然禀具之后,就需要理性,以便随时考虑他的福和灾难,但是除此之外,他还将理性用于一个更高的目的,也就是不仅用于思考系自在善或自在恶的东西,而对此唯有纯粹的、绝无感性关切的理性才能判断,而且把这种判断与前一

---

① 王炳书:《实践理性论》,武汉大学出版社2002年版,第56~57页。

种判断完全区别开来，使它成为前一种判断的无上条件。"① 康德将理性区分为理论理性和实践理性："理论理性或思辨理性所着意的，主要在于认识对象直到认识先天的最高原理；实践理性则着意于规定意志，规定它最终的和完全的目的。但是理论理性和实践理性两者并不冲突，归根结底并没有两个理性，理论的和实践的，只是同一理性的不同运用罢了。"② 思辨理性和实践理性结合在同一认识之中，只要这一结合是先天地以理性自身为基础，从而是必然的而不是偶然的和任意的，那么实践理性就处于优先的地位。"实践理性唯一的客体就是善和恶的客体。"③ 黑格尔认为，"理性是自在自为地存在着的真理，这真理是概念的主观性和它的客观性与普遍性的简单的同一。因此，理性的普遍性既有只在意识本身里被给予的，但现在自身是普遍的、渗透着和包含着自我的客体的意义，又同样有纯粹的自我，即统摄着客体并将其包含在自身中的纯形式的意义"。④ "理性的任务在于知道真理，在于将意谓和知觉所应当做的一种事物的东西作为概念把它找寻出来，就是说，它要在事物性中仅仅寻找出它自己的意识。"⑤ 理性是人类观念掌握对象世界的较高级的方式。黑格尔认为人的理性具有两种能力。他说，认识过程本身"分裂成理性冲力的两种运动，被设定为两个不同的运动。认识过程一方面由于接受了存在着的世界，使其进入自身内，进入主观的表象和思想内，从而扬弃了理念的片面的主观性，并把这种真实有效的客观性当作它的内容，借以充实它自身的抽象确定性。另一方

---

① ［德］康德：《实践理性批判》，韩水法译，商务印书馆1999年版，第66~67页。
② ［德］康德：《道德形而上学原理》，苗力田译，上海人民出版社1986年版，第27页。
③ ［德］康德：《实践理性批判》，韩水法译，商务印书馆1999年版，第62页。
④ ［德］黑格尔：《精神哲学》，杨祖陶译，人民出版社2006年版，第236页。
⑤ ［德］黑格尔：《精神现象学（上）》，贺麟、王玖兴译，商务印书馆1979年版，第161页。

面，认识过程扬弃了客观世界的片面性，反过来，它有将客观世界当作一假象，仅当作一堆偶然的事实、虚幻的形态的聚集。它并且凭借主观的内在本性（这内在本性现在被当作真实存在着的客观性）以规定并改造这聚集体。前者就是认知真理的冲力，亦即认识活动本身——理念的理论活动。后者就是实现善的冲力，亦即意志或理念的实践活动"。① 理性主要表现为一种思考、分析、判断、实践的能力。"人类对于自己的理性活动并不感觉惊奇，而同时，他们却惊慕动物的本能，并且只因为它不能归入同样一些原则，而觉得它难以说明。如果正确地考虑这个问题，那么理性也只是我们灵魂中的一种神奇而不可理解的本能，这个本能带着我们经历一系列的观念，并按照特殊情况和关系而赋予那些观念以特殊的性质。"② 理性是人天然的行为能力，也指人的行为准则，它是思维主体对外部存在的观念性把握。

理性是生命的内在本质，也是生命自我实现的理想状态。人的本质的自我实现，既不是表现为以理性压抑感性生命，也不是表现为以感性生命对抗理性，而是表现为理性转化、点化感性生命，以求达到知与行、理与情、理性与理想、真理与价值的完美统一。对于理性概念，一般从三种意义上使用。一是本体论意义上的理性，将理性作为诸种存在的本质；二是认识论意义上的理性，将理性理解为人的一种认识能力，三是方法论意义上的理性，将理性理解为"合理化过程""理性的算计""精致的利己主义"。我们从方法论、认识论到本体论的一个三位一体的概念生态上对"理性"进行理解，力图通过现象理性、中介理性过渡到本体理性。理性在婚姻伦理领域的要求是，自始至终依照理性或本性的根本规律在具体婚姻时空运行的必然性去行动。如果对现代社会婚姻领域的理性运行必然性进行分析，我们认为主要

---

① [德] 黑格尔：《小逻辑》，贺麟译，商务印书馆1980年版，第410~411页。
② [英] 休谟：《人性论（上）》，关文运、郑之骧译，商务印书馆1980年版，第204页。

应当体现在"男女平等意识"和"一夫一妻制度"两个方面。

(二) 理性对"契约婚姻观"的超越

婚姻观是指对婚姻的观点和看法。婚姻观可以分成许多种类。依照决定婚姻的意志要素,可以分为纵向婚姻观、横向婚姻观、交叉婚姻观三种。纵向婚姻观是指将婚姻缔结看作是自上而下的启示、命令和要求,"家长婚姻观"是其代表;横向婚姻观是指将婚姻缔结看作是平等的协商、劝说和推荐的结果,"契约婚姻观"是其代表;交叉婚姻观是指将婚姻的缔结理解为是上述纵向意志或横向意志相互结合的结果,将婚姻当作外在环境要求内在自我心愿结合的结果,"综合婚姻观"是其代表。家长婚姻观容易在强调家长意志的同时漠视子女的个性化需求,契约婚姻观突出了子女自身的愿望和要求,但容易忽略家长意见的重要性。家长与子女交叉结合的婚姻观看上去是完美组合,实际情况是或者向家长意志倾斜、或者是向子女意志倾斜。一般而言,家长婚姻观是古代社会婚姻观的主要形式,而契约婚姻观则是现代时期婚姻观的主要方式。正如家长婚姻观本身存在缺陷一样,契约婚姻观也存在着自身的不足。家长婚姻观将婚姻当成"父母之命、媒妁之言",容易忽视子女意志,导致婚姻专制主义悲剧;契约婚姻观将婚姻完全视为男女个体意志的自我决定,在实现婚姻自主的同时,也容易导致婚姻神圣性下降、离婚率提升现象。

契约婚姻观将婚姻关系当成一种契约看待。这种思维方式的主要特点是:第一,男女双方处于平等地位。在婚姻的选择方面,通过协商方式而不是命令方式以决定。第二,男女个体的需要是婚姻缔结的主要理由。既然婚姻可以因个体需要而缔结,也可因个体需要而解散。对其他家庭成员尤其是子女利益考虑得少,婚姻变成了"为了满足配偶个人需要而存在的一种关系"。第三,在婚姻领域设定有"无过错离婚"条款。将本属于侵权法的"无过错"原则纳入婚姻法之中,使对婚姻不满的配偶解除婚姻关系和推卸由这种婚姻关系带来的家庭责任变得容易。第四，独身突出。当婚姻变得极易粉碎时，离婚现象极其普遍，越来越多的女性选择完全摆脱婚姻——"独身"，"私生巨浪"则在离婚浪潮之后汹涌而至。第五，离婚管理机构工作量增加。现代婚姻可以通过协议或判决方式离婚，但离婚后果的发生通常需要颁发结婚证的机构回收结婚证并给予离婚证，随着离婚人数的增加，婚姻管理机构的工作量大幅度增加。第六，婚姻任性主义盛行。契约婚姻观强调的是自愿，如果不考虑任何法律、伦理或宗教等社会治理工具的约束，自愿就会蜕变为任性、就会成为"我意欲、我行为"的没有限制的自由。婚姻就可能在猎奇心理作用下怪象丛生，将本来能够实现真善美统一的婚姻变成丑陋的顽石或随意在路边丢弃的矿泉水瓶。现代人理性的成长应当更为成熟，在发挥契约优越性的同时，应当力争避免其所带来的副作用。

婚姻因个体而生，但并非个体意愿的聚合。随着年龄增长、智识增加，男女两性开始在生理本能的推动下产生对异性的喜爱。因这种喜爱而缔结连理，完成人口繁衍使命，同时围绕人口养育而展开一系列的物质、文化、精神活动，推动人类文明水平进步。看上去，似乎婚姻仅仅是个体自由意志的结合，其实远非如此。首先，婚姻是生理本能的反映。生理本能之所以称为本能，一是其自发性，同时也是由于其盲目性。自发性使人不必为自身的发育过程担心，盲目性则促使自身去完成生理本能在某一时段所要承担的具体使命。没有生理本能存在，婚姻活动根本无从诞生。从这个意义上进行分析，会发现婚姻首先是源于"生理冲动"而不是什么意识上的"相互欣赏"。其次，婚姻意识中经常掺杂幻象。当男女个体长大成人到了谈婚论嫁的年纪，在常态情况下，应当对未来的配偶有一个比较明确的贴近现实的期待。但是，许多人对此并没有真切的认识。或者是过于浪漫，或者是过于世俗，或者干脆就没有任何概念。浪漫的期待多受文学艺术及影视作品影响，没有明白这些艺术创作中存在需要想象性的艺术夸张，而这种艺术夸张并不对应现实的真实；世俗的期待则是将自身置于现实的利益交换的环境中而从来没有认识到婚姻中还有"感情"或"情感"因素的存在，从而认为婚姻就是"赤裸裸的利益交换"；"没有任何概念"意味着在内心深处对爱情的拒斥或者长期将自身封闭于孤立的环境而又从心理上将"不屑于爱情"同"高贵的自洁"认定为是同一种类事物。意识中观念的产生，受到自然、社会、家庭等多种多样的元素的影响，意识中的观念并非就是观念自身，感受、认知、观点等与意识本身中的观念并非是同等物。这些婚姻中出现的意识幻象将真实的婚姻意识观念予以遮蔽，甚至上升到主导地位而引动当事人的行为，那么，在这些幻象的基础上就不可能形成真实的婚姻或者将婚姻也理解为这些幻象观念基础上的幻象。婚姻之所以可以被称为"实体"，就是说婚姻缔结是实体中诸种要素共同作用的结果，而不单纯是哪个意识的作用。婚姻伦理，主要是通过探索在婚姻缔结及婚姻生活中所真实存在而又容易被遮蔽的价值理念并将其提取出来供同时具有"自由性"而不只是仅仅具有"自然性"的有限理性存在者自觉地关注、思索、遵循、验证这些理念，从而使婚姻更加美好而已，这需要辨清哪些属于合理的婚姻意识，哪些仅仅属于意识中的幻象。幻象即幻觉，幻觉即幻影，幻影即幻术，不是婚姻真谛。最后，婚姻不可能是契约。契约的本质是"合意"，合意所能支配的客体只能是当事人有权支配的物或与物有关的权利，但人及情感是无法作为契约客体的。另外，婚姻最后建立的联系，不仅仅是男女之间个体之间的联系，还包括两个家庭之间的联系，甚至是两大家族、部落、民族之间的关系，但除了男女个体之外的物及其相关权利，男女个体是无法是将其权利之外的其他人、物或联系通过契约联系在一起的。如果将婚姻理解为"同意"是可以的，但"同意"不等于契约。任何人对婚姻的未来都不敢说有完全的把握，是无法对未来事项通过契约予以确定的，而契约的内容必须是明确的，如此才能真正履行。

契约婚姻观中的基础概念"契约"。黑格尔说："契约双方

## 第三章　现代社会婚姻的伦理理念

当事人以互相直接对立的人相对待,所以契约(甲)从任性出发;(乙)通过契约而达到定在的同一意志只能由双方当事人设定,从而它仅仅是共同意志,而不是自在自为的普遍的意志;(丙)契约的客体是个别外在物,因为只有这种个别外在物才受单纯任性的支配而被割让。"[①] 契约暗含着"个体、利益、博弈"等元素,而这些元素对作为"伦"或共同体的婚姻关系是一种严峻的挑战。契约是什么?契约就是特殊意志之间所形成的"合意"。特殊意志必然是个体,而且是同时存在的能够相互协商的个体,这个个体在很多情况下还原于个人,也就是还原于我、还原于"小我"。个原主义者会经常考虑自己的利益。他会不停地追问:基于个体的利益是什么?在什么领域需要什么样利益?这些利益如何实现?为什么要实现这些利益?利益的来源如何?这些来源为何会催生利益需要?这些来源作为利益的利益主体何在?利益主体又是如何存在的?利益主体是否也是利益?凡此种种及其他问题实际上反映出一种"唯智主义"意识,它漠视了情感及情感对婚姻的重要作用。既然将婚姻理解为个体之间的契约,那么每个个体就会站在自己的立场上为自己的利益而博弈,这样就会促使追求个体利益最大化,因此就出现了"算计理性"。当个体仅仅考虑个体需要的时候,就很容易忽视对方利益、家庭利益乃至社会公共利益。单纯运用契约婚姻观建立的婚姻是一种合伙制或公司制婚姻,它依照利益或资本逻辑运行,因而也就具备了随行情而变化的特点,于是充满了虚伪、阴谋、冷酷和摇动。契约婚姻观以赋予当事人自由的方式为善良动机,却不料增添了现实的婚姻风险。内在主观意愿作为衡量婚姻是否应当存在的客观标准,等于以主观代替了客观、以意识代替了意志,将向往婚姻自由的主体置放于广阔范围的婚姻流浪的枷锁之中。这就要求扬弃契约伦理观,发挥其积极价值、避免其消极价

---

[①] [德] 黑格尔:《法哲学原理》,范扬、张企泰译,商务印书馆1961年版,第82页。

值，将依照时间序列所产生的神学婚姻观、家长婚姻观以及其他婚姻观的合理成分予以借鉴和综合，从而促成美好幸福婚姻生活实现。

婚姻关系所带来的成果是家庭。家庭是每个个体生命经历的最主要场所，个体幸福感的有无、强弱、长短等与家庭息息相关，因此，所谓个体命运的变化也就与婚姻很大程度上直接关联。许多择偶行为只看形貌不看品德，只看金钱不看情感，只看今天不看明天，只有激情没有理性，只重想象不顾现实，只看表象不看实质，只看习性不看本性，只看浮华不看实际，个体于是在没有充分意识准备和深刻认知的前提下卷入了复杂的婚姻生活，身在其中而不明就里，逐浪随波生活，在片面或零散的认识的引领下关闭了通往婚姻的大门或去尝试一个又一个婚姻实践。虽然，婚姻关系掺杂了大量理性因素与非理性因素、个体因素与环境因素，因此婚姻似乎成了人类只能进行"有限把握"的一种社会现象，但是，人类可以通过自己的本体理性予以反省，努力揭示婚姻真谛并依照婚姻规律的价值要求去实践。

苏格拉底曾说过，未经反省的人生没有价值。可以据此推论，未经反省的婚姻没有价值，未经反省的社会没有价值，未经反省的世界也没有价值。价值是客观存在的，无论反省还是不反省，价值依然故我地存在。但人们如果不反省，就不会发现价值、恪守价值，就容易偏离价值从而偏离轨道，走向下滑的人生、下滑的婚姻。所以还是需要"反省"。反省不是简单地针对自身偶犯的错误或某些缺点而进行，反省的对象是全面的。既包括对自身的反省，也包括对所在环境的反省，还包括对自身与环境关系的反省。而每一种反省对象中，又有无数的子系统及其构成元素，而且这些子系统及其构成元素还处于不断发展变化之中。反省即"自我返观"，唯有经过反省，才能发现自身的不足，才能作到"躬责于己而宽以待人"，才能不断修正自己的发展方向，从而使自身保持正态的、积极的、向上的成长，进而回归"精神""返本复元"。

## 第三章 现代社会婚姻的伦理理念

现代社会的婚姻治理主要应是一种事先治理而不是事后补救。事后补救主要一种制度性的心理调试，通过人身、财产等手段求得一种意识平衡，但是相关事实已经发生，损失已经出现且许多损失无法用其他手段弥补和替代，很多结果不可能恢复原状。离婚证仅仅是将婚姻状况对社会进行宣示的一种书面表达，婚姻中存在的所有"内"联系，并不会因为法律上的终止而戛然而止或自然消失。离婚时，容易受伤的是女性，因为对女性来说，家庭往往被其看成终身的事业和成就；男性也会受伤，虽然疗伤速度较快，但对其后续的婚姻判断往往产生深远的消极影响。婚姻结束了，家庭就等于消失了，许多艰辛的努力由此付诸东流。因此，婚姻不能随意和草率结束，婚姻治理应当以事先预防为主、在婚姻存续期间主动将可能引起离异的种种因素消灭于萌芽之中。当男性主体或女性主体准备进入或离开婚姻时，应该认真思忖婚姻给自己带来的成长、幸福和快乐，认真检讨自身在婚姻当中的缺点、不足和过失，认真度量婚姻离散将给曾经的爱人、亲人、恩人所带来的时间上、物质上、生活上、身体上、情感上的损失。很多国家和地方的婚姻登记机构在实际操作中设定了冷静期，以减少冲动型离婚，正是为了发挥人类理性对于维系婚姻的作用。

懂得婚姻才能懂得人生，懂得人生才能懂得自然。在貌似长远、实则短暂的人生之中，会出现形而上学的"三个追问"：当人生之幕落下时，个体的精神去往何处？当欲望之水淹没人类辛苦建设起来的文明之屋的时候，人类的未来指向何方？当自然以自然的方式终结有限理性存在者的时候，自然中可曾留下作为万物之灵的人类的智慧的光芒？所有婚姻在本质上是平等的；婚姻面前人人平等；"男女平等"是美满婚姻的基石；"以平等的心尊重每一个现实的婚姻关系"是现实的伦理法则。那么，应当受到尊重的是什么样的婚姻？现代婚姻文明告诉我们，是"真实的一夫一妻制"。

(三) 理性的确证:"一夫一妻制"

男女之间,在童年时期身心未成熟,尚未进入婚姻区段;待到年老气衰,生育能力丧失,也不再是真正的婚姻,而是一种婚姻的名号。对愿意缔结婚姻的普通男女个体来说,出生时间未必相同,而去世时间难得一致,这就更使男女双方的婚姻不可能是从出生就具备,也不能延续到个体生命的最终,于是对婚姻有了客观性的时间维度限制。另外,婚姻又是一种社会关系,而婚姻之所以能成为社会关系,主要是因为婚姻形式能够得到所在当时社会法律的承认,这也是为什么法律上经常规定有婚姻有效、婚姻无效、婚姻可撤销的原因。其实,婚姻一经缔结,早已成为事实,法律再根据自身规定婚姻是否有效还有什么实际效果呢?这里存在两种意蕴:婚姻缔结是一种自然判断,而婚姻效力是一种社会判断。纯粹的自然结合只有自然价值,而同时赋予社会判断的结合才能享有社会中的婚姻权利和承担社会中的婚姻义务。但婚姻又不只是个社会判断,同时还是个价值判断或者说文化判断。社会中所存在的事实婚姻、未婚同居、同性婚姻等现象也许会被某些社会的法律规定所承认,但未必能够得到文化的认可。文化对符合人类文明发展方向的婚姻模式的认可和鼓励,对扰乱文明进程而只是作为"花絮"的婚姻异像并不予以过多关注。价值来源于文化,而文化是现象于具体境遇中的精神。我们这样一种表述旨在表明,婚姻成就实际上是自然性、社会性、文化性三者结合和相互一致的产物。或者也可以将"自然性、社会性、文化性"当作婚姻缔结乃至婚姻存续、婚姻破裂的三个特征。自然阶段,将婚姻当事人称为"男女";社会阶段,将婚姻当事人称为"夫妻";文化阶段,将婚姻当事人称为"配偶"。对于上述三种因素相互结合所形成的现实婚姻制度,恩格斯曾根据摩尔根的家庭研究成果指出了婚姻制度的三种类型,即群婚制、对偶婚制和一夫一妻制。许多人认为,现代社会应当坚持"真实的一夫一妻制",那么,为什么说要坚持这种婚姻制度呢?

第三章　现代社会婚姻的伦理理念

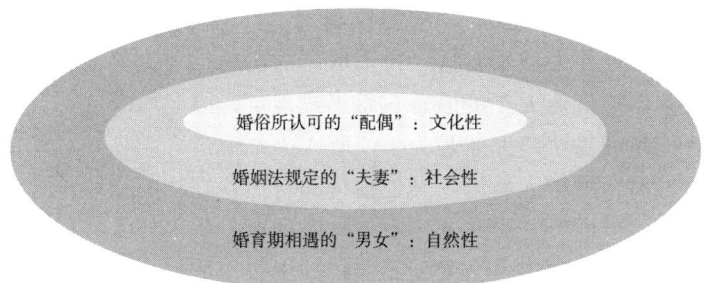

1. 自然性理由

婚姻拥有的自然性，是指婚姻首先起源于人的生殖本能。这种生殖本能，如果用褒义词来表达，就是指"爱情"；如果用贬义词来表达，就是指"性欲"；如果用比较客观的话语表达，就是指"生殖本能"。对同一事物所选择词语不同意蕴的运用，表达了其内在的价值取向，同时也是这种价值取向的宣泄、表征和影响。生殖本能是人的极其重要的本能，如果将生存本能作为第一本能，那么生殖本能就是第二本能，它处于繁衍功能区。第三本能是生长本能，它所对应的是成长或完善。"生存、生殖、生长"或者说"生活、发展、完善"是人类个体的三大本能。因这种个体本能同时代表着人类自身的利益，于是由个体所组成的家庭、民族、人类也就认可、规范和推动着这三种本能的发展。如果说主体初始阶段主要任务在生存或生活的话，那么中期阶段的主要任务就是生殖或发展，而后期阶段的主要任务则是生长或完善。这种逐渐进步的一般逻辑适合于人类的个体、群体、整体，同时，这种"进步逻辑"也拓展和运用于空间领域的区域、国家和世界，再推行和使用于过去、现在、未来等时间实体。在"血缘实体、空间实体和时间实体"中，凡是人类的主观能动性能够探及和到达的地方，基本上是在遵循这一逻辑运行。

如果站在客观角度分析，也可以将这种进步逻辑看成人类自身发展的宗旨，因此可以贯之以"人类中心主义""强人类中心主义""弱人类中心主义"之名。"人类中心主义"之后又提出了"非人类中心主义""动物权利论""动物福利论"等学说，其实并未改变人类中心这一价值取向的实质，因为其他物种或自然物并不能听懂人类的语言、思想或规定，因此所有这些直接或拐弯抹角的提法终究还是为了唤醒人类，通过人类良知意识的启蒙和发展，维护人类以及其他物种和自然存在物的持续发展和生态存在。但由于人类并非宇宙中唯一的存在，因此人类中心论在自身的发展过程中也会受到其他物种中心论的影响，在不同的中心论宗旨产生冲突的时候，往往就会开始"力"的较量，于是乎物种之间的意识战斗、言语战斗、行为战斗就由此爆发。但所有这些以及其他层面的中心论所代表的不同的具体的力与力之间的较量，均受到自然力量的统一掌握、分配和调控，因为所有的在者都在其中、所有的生命形式与非生命形式均共存于宇宙之内。作为具体的类的存在者之间，既有互相竞争的一面，也有互相帮助的一面，既有互相吞噬的一面，也有互相合作的一面，并不是仅仅由冷酷的互相吞噬的意识、表达和行为所组成。这是自然法则的残酷，但也是自然法则的理性。如果没有自然规律的调控，恐怕任何物种都难以独存，或者是过于弱小而被整体灭绝，或者是过于强大但因失去弱小物种的食物支持开始自相残杀。对自然规律冷酷性一面的观察导致"物竞天择、适者生存"的达尔文主义；对自然规律助益性一面的观察导致"退却谦让、万物一体"的容忍主义。这两种看法是一种正常而自然的存在，在行为过于软弱时强调竞争性一面，在行为过于激烈时强调兼相爱的一面，可以将它们看作是针对不同病象所开出的意识药方。但在事物发展处于常态的情况下，则是要同时将"竞争性"与"兼爱性"相互结合以形成"合作性"的概念。自然规律主要是在自然领域发挥作用，一旦在社会领域使用自然规律，或者再进一步在精神领域使用自然规律，就需要加以分辨、选择和扬弃，并不能将似是而非或言之不详的猜测性认识作为自然规律加以适用，而且对于自然规律的适用，还是要依照"人类"的进步逻辑予以取舍而不是仅仅关注低于人类的某个具体个体、区域或时段的具有有限性的个性化存在的发展。这是一个意识上的进步，但即使没有这种明确的意识，家庭也会受到民族、民族也会受到人类、区域也会受到国家、国家也会受到世界、过去也会受到现在、现在也会受到未来的影响、引领和调控，因这种已经明确或有待明确的意识本是一种客观存在。

"繁衍本能"是婚姻产生的自然基础。人类虽然是万物之灵，但就其繁衍本能来说，并没有超越"世间万有"的范畴。从生殖生物学来看，人类繁殖属于有性繁殖，而且作为一种高级生命形式，其拥有自己的生殖系统。这种生殖系统从生物学角度来说，也仅仅是一种存在，即在进行人类自身生产的过程中，所自然存在的是一对一的客观联系。这种生理结构成为一男一女婚姻制度得以诞生的身体基础。如果从数字或想象角度分析，可以将男女两性的生殖活动分为"多对多、多对一、一对多、一对一"等类型，而在"多对一、一对多"这两种类型中，"多"之数量就不能确定，因此才出现了人类历史上除正态婚姻制度之外的很多无序的表达。基于身体生殖结构所形成的生殖心理，具有专一性、排他性和独占性。男女两性虽然有不同的心理特点，在婚姻领域男人的头脑更容易受到自身生理冲动的支配而表现出很强的偶然性、随机性和盲目性，但当男性在其头脑冷静下来之后，其内心深处仍旧是为专一性所支配，如果能够充分利用理性的力量将偶然性消灭于萌芽，那么其就是一个"男人"而不仅仅是"男的"。女性心中本能的东西是希望男性首先欣赏她，对其有一种"精神上的注意、关注和欣赏"，同时将这种意识的关注理解为一种"喜欢"的表达，然后其才会逐渐与所谓喜欢她的男性接近。如果这时男性再给予其某些具体的帮助，这时"爱"的概念就会替代"喜欢"出现在女性的头脑之中。在喜欢与爱之间还有相当大的距离，如果这两个概念没有理性的力量予以审视或区分，很容易将两者混为一谈。喜欢仅仅是一种对感觉所进行的感性判断，而爱则是一种客观存在的"生态体系"，它包括意识的付出、言语的付出、行为的付出等要素，因为爱是一种不计回报的给予，它是付出，是在其境界、能力、财物许可之内的无私的帮助。同男性相比，女性的婚姻心里更加专一、坚定和忠实，这实际上也是一种自然属性。男女两性这种虽然表现不同但实质都指向或保存"专一性"的生殖心理是"一男一女婚姻制度"产生的心理基础。在生殖成果上看，人类这种生命形式虽然具有很强的生殖能力，男性随着太阳转，每日可以进行，女性随着月亮转，每月可以生产，但精子与卵子却又有各自的生长周期、分泌数量和发育水平，从怀孕到分娩一般需要300天即10个月左右，达不到一年12个月的生育水平。主要的问题是，自然的生殖生产所产生的成果一般就是一胎，二胎、三胎或更多的胎数往往被视为惊喜或奇迹，甚至可能是借助ART所形成的理想结果。男女两性自然生育的一胎，一胎一胎地生，一个一个地照顾、一个一个地培养、一个一个地关心，这在无形中增加了对"一"的重视。生殖器官、生殖心理、生殖结果中对"一"的安装、规定和设计，完全是一种自然而然的结果，其中并未掺杂所在群体或社会方面的介入或考虑，这是一种个体层面的考察。

这种个体层面的考察所对应的婚姻现实就是"一对一"的男女关系。这种一对一的男女关系并不是随着社会发展变化才出现的阶段性的产物，而是随着人类的诞生就产生的。早期的人类婚姻的真实状况如何与学者意识中的婚姻状况如何是两个问题，一个存在于现实世界，是真实发生的，而另一个存在于意识世界，是对现实世界已经发生事项的抽象概括。但在现实世界与意识理论之间，往往因为时间变迁、空间广大、事项丰富等原因而使得意识不能"全程、全面、全部"描述、抽象和反映客观情况。这里主要表现在两个方面，一是对人类现实社会婚姻状况进行单纯的意识抽象；二是根据有限的考据或例证来归纳出自己的结论。单纯的意识抽象缺乏现实性，有限的考据又容易使结论片面，同时对原始社会婚姻状况的思考，就会形成不同的认识。因为婚姻关系不易厘清，而且很多人被缠缚于婚姻之中而难见庐山真面目，又或者出于个体自由、婚姻稳定、经济发展、社会安全等因素的考虑，所以在婚姻理论上并没有形成一个统一的理性认识，而仅仅靠主流意识帮助、引导和力图提升婚姻质量。主流意识是主导，但具体的男女是婚姻主体；因此，婚姻主体所持有的"真实婚姻观"的客观性、真实性和有效性就变得极为重要。在婚姻主体客观真实的婚姻观中，必须注意区分"同居"与"婚姻"。同居所反映的仅仅是婚姻的自然性，即基于生殖机能所自然产生的现象，"婚姻"则同时包含自然性、社会性和文化性。

安东尼·W. 丹尼斯说："男女以婚姻的形式居住在一起，但未举行被认可的婚姻仪式或不符合法律上的要求，即为同居。最近几十年，这种不正式的关系大量存在并飞速增长。"[①] 具体的表现是，"同居，意味着'战后'社会行为的重大转变。1960—2000年，这种趋势同时在欧洲和北美蔓延开来。以英格兰为例，每1000名男性中，首次结婚的人数由70人降到30人。人们新婚的年龄明显上升，例如，在英格兰，男女结婚年龄比以前大三岁。在出生人口中，未婚生育由原来的5%增加到35%。此外，20—50岁的女性中，同居的比例是原来的三倍。最后，众所周知，过去30年中，离婚率急剧上升"。[②] 对同居这种自然性的男女行为，有的国家承认，有的不承认。英格兰从1753年《议会法案》后，同居在法律上不被认可；而在美国一些州或欧洲大陆国家，同居则给予更多法律上的认可。同居数量的增加反映出人们正在远离婚姻。

由于同居不需要负担婚姻上的义务，于是成为很多人的选择。同居的结果也未必导致婚姻，或者说同居的本质也不是"试婚"，不是通往婚姻的准备，而可能仅仅是基于一种生理需

---

① [英] 安东尼·W. 丹尼斯、罗伯特·罗素：《结婚与离婚的法经济学分析》，王世贤译，法律出版社2005年版，第145页。
② [英] 安东尼·W. 丹尼斯、罗伯特·罗素：《结婚与离婚的法经济学分析》，王世贤译，法律出版社2005年版，第146页。

求的契约式的简单的性别合作。如果我们将同居的含义进行拓展，可以将男女之间基于性生理需求而进行的一切性别合作行为称为同居。照此理解，我们就可以将同居进行不同分类。依照时间，可将同居分为长期同居、短期同居和瞬间同居三种；依照空间，可将同居分为同地同居、异地同居和杂地同居；依照次数，可将同居分为多次同居、少次同居和一次同居；依照结果，可将同居分为成果同居、后果同居和无果同居；依照情感，可将同居分为真情同居、虚情同居和激情同居；依照婚姻，可以将同居分为婚前同居、离婚同居和在婚同居；依照民族，可分为氏族同居、部落同居、种族同居；依照酬金，可分为有偿同居、无偿同居、互助同居；根据起因，可分为自愿同居、强迫同居和天然同居；根据义理，可分为合理同居、非理同居和顺理同居，等等。

同居所遵循的是人的自然属性，其中贯彻的是"一男一女原则"；但同居意味着人类性生理冲动的释放，因此会出现盲目性。特别是在没有相关文明予以调控的时候，这些同居现象会突破一男一女原则，从而引发大量的群落或社会问题。"一男一女原则"遭到突破的原因很多。主要原因在于：对生殖冲动缺乏理性认知、科学把握和自控能力；环境魅影对男女主体的攻击、胁迫和诱惑；外在意识规范、语言规范、行为规范的缺乏、不精确、不完善、无的放矢或自以为是。同居虽然是现代时期才意识到的问题，但其在人类整个历史中均以不同面貌存在。同居是生殖冲动的自然释放，但在进入社会领域后，这种自然释放中的"一男一女原则"的合理成分可以保留和维护，但对其可能出现的负面情形及由此导致的社会消极作用则需要竭力避免、调控或者清理。这就过渡到了"婚姻社会性"对一夫一妻制的选择、保护和提倡。

2. 社会性理由

当男女个体由最初的自然性阶段进入社会性阶段时，对他们之间的称谓由"男女"改称为"夫妻"。这时候男女两性的婚姻关系就由纯粹的自然状态过渡到了社会状态。那么社会为何倾向于一夫一妻制，这需要从社会本身说起。社会作为围绕"社"而形成的群落或人们的会聚，包含社会起源、社会更替、社会演变、社会元素、社会结构、社会体制、社会类型、社会功能、社会文化等基本单元及其组成因素，其中，在社会形成、社会分工、社会发展等方面蕴含着对一夫一妻制的理性追求。

社会是基于男女相互真诚所生家庭的伴生物。

人类社会形成之前，所存在的是一个个独立而分散的小家庭以及归属于这些小家庭的天真烂漫、淳朴可爱的小孩子。这些小家庭及其未成年子女分布在河畔、山腰、林地、草原、池塘或平地，在能够自力满足需要的时候无须合作，但在需要无法通过个体家庭努力予以满足的时候，就开始了最初的合作，这就是社会活动的开端。"两性间严格的劳动分工规定：妇女负责照看孩子、煮饭、洗衣、参加园圃劳动、取水和拾柴，而男人则打猎、捕鱼或为开辟园圃而做清理树木的重活。绝大部分这些杂活是由同性间的合作完成的。男人们集体狩猎，而村中妇女则在收获和贮备木薯等冗长乏味的工作中也相互帮衬。"[①] 由于在采摘、狩猎或制陶的过程中，单靠一个人的力量不足以完成相关工作，在对子女或老者的照顾方面，每个主要负责人都有捉襟见肘的局促时刻，于是产生相互帮助的需要。

虽然在初民时期，人类所掌握的知识、工具和技能十分有限，虽然，在人类之初开始的群体性合作或社会性活动是一种零散的、偶然的和局部性的合作或联合，还没有具备现代社会特性，但对于生活于那个时候的人们来说，却也是现实存在的并拥有无限希望的时代。初民在创造物质财富及进行其他合作活动的时候，男女两性产生了角色分工。如果婚姻制度安排不好，男女对等数量有多有少，必然会引发人类心理中的嫉妒、不满和争斗意识同时外化于行为，这对男女两性分工合作的局面会产生很大

---

[①] [美]罗伯特·F. 墨菲:《文化与社会人类学引论》，王卓君、吕迺基译，商务印书馆1991年版，第110页。

的损害，而且从分配角度说，因为每个单元都是以一夫一妻为主干的家庭，所以在分配上也可以平均或保持相对公平。这种作为社会雏形或社会源头的原初的合作，需要男女两性的真诚相待。否则，男女两性产生对立，一个个小家庭都无法稳定存在，那么就谈不上合作活动的顺利展开，也就不会有日后社会实体的兴起。如果用逆向思维进行表述，其中所蕴含的逻辑是：如果没有一夫一妻制，男女双方就不会相互尊重；没有相互尊重，就不会有相互信任；没有相互信任，就不会有相互合作；没有相互合作，就不会形成社会活动；没有社会活动，也就没有后来社会的形成。

　　社会行业的发展需要男女两性共同平等的努力。

　　社会创造了物质产品，集中、增强和放大了人类的力量。如果要促进生产力水平不断提升，必须采取很多具体的措施。最初的活动主要是生产活动，生产活动中最初的劳动合作可能仅仅是发生在两个人之间，然后随着需求扩大、经验增加和工具改进而加大了合作的程度、幅度和频率，逐渐由松散的合作形成比较固定的合作组织或集团，个体、集团的共同努力以及持续努力，最终是将该类合作领域建设为一个行业并保持下来和不断发展。在这种行业的形成过程中，勤奋、物资和科技都发挥了无法替代的重要作用，而且勤奋、物资、科技这些形成行业的基本要素本身也逐渐演化为专门的行业。这种行业的形成可以是男性之间或女性之间的单性合作，也可以是不同性别之间的合作，既可以是由于生产原料的合作、也可以是基于科学信息的合作，到了现代社会这些合作的基础要素主要由人才、物资、技术、资本、管理、信息六大要素组成，这些要素也逐渐外展为自己的行业。现代社会中的传统行业、新兴行业和发展中行业多如牛毛。我们可以依照行业对人类需要的重要性，将行业分为主干行业和辅助行业，在主干行业和辅助行业中又可以根据其自身的重要性再做划分。在主干行业和辅助行业的兴起过程中，同时也伴随着反向行业的诞生，所谓反向行业是指其存在目的不是人类的正常需要而力图将人类群瓦解和对人类社会的未来带来伤害的黑暗行业。人类行业发展甚至人类发展历史上总有着促进和抑制这两股力量所伴随,但人类社会所采取的措施是保护和发展向上的进步的光明的力量。这种向上的进步的力量是对人类的生存、发展和完善带来积极影响的力量,因此也是积极的和受保护和推动的诸种正态行业。真正的主干行业主要集中于提供"衣食住行"所需要物资的产业方面,然后是提供"思想念虑"所需物品的行业,再就是提供整体和个体安全保障措施的行业,它们分别对应的是物质行业、精神行业和安全行业。行业出现的原初目的是直接制造人类实际所需要的物质财富,但是随着生存问题的基本解决和生产能力的增强,行业出现了第二目的,即相对于其他行业或其他社会来说要获得比较优势,即将自己所在行业发展为热门行业,这时就出现了在不同行业之间相互计划式交流或市场式交流时的比价问题。由于比价的不同,各行业的收入和差距可能会保持一致、保持平衡或日益扩大,社会必要劳动和行业的个别必要劳动之间的转换比例就成为关注的重点,同时也会现实地加大不同行业之间甚至集团或个体之间的收入差异。而这时就又出现了行业的第三个目的,即在不同的社会之间或国家社会、国际市场的竞争中占有优势,于是各种生产技术、生产模式、竞争手段和竞争策略得到了广泛应用。可见,就行业的不断成长或发展的目的在于:生存、富裕、争先。在一个发展周期结束后,又开始围绕这三个依次推进的目的的新的行业发展,行业态势就呈现螺旋型进步。

行业存在的目的也就是行业的现实功能。如果将不同的行业组合在一起,形成行业组合,就可以称之为行业生态、行业体系,居于其中的不同行业各自所处的位置和联系,构成了行业结构。在行业结构中,有的行业发展了,有的行业结束了,有的行业刚刚萌芽。但无论行业怎么变化,那些主干行业不会变化,因为主干行业所代表的是人类的基本需要、生存需要、真实需要。行业自身的成长,从承载主体上看,经历了由个体、集团、组织三个逻辑环节,在每一个环节,价值目标化、团队结构化、行动协动化是其必备的三要素。在行业成长过程及其必备的三要素中,并没有明确的性别禁止、性别不适、性别歧视,而是将男女双方置于一种平等地位上。男女平等未必完全是从事社会工作类型的平等,也不仅仅是主观意识中的相互尊重的平等,或者是在主体面对环境时的机会均等,而是指一种本体平等,而这种本体平等就要求在家庭领域、社会领域、自然领域或者说思维领域、表达领域、行为领域对男女两性平等看待、给予同等的机会,使之享同等的权利、义务和待遇。男女两性对人类发展动机即生存、发展、完善的形成过程中各自发挥了其应有的作用,可以说发展动机主要来源于女性、完善动机主要来源于男性,而生存动机则同时源于男性与女性。男性主义的科层制或女权主义所追求的妇女解放,其实也是对男女两性彻底平等的渴望、呼吁、宣示和博弈,男性主义而不是大男子主义、女性主义而不是女权主义才是实现男女两性平等本质在现实世界遵照现象界的运行规律而相互客观的平等、客观的平衡、客观的分工合作的关键意识。

真正的男女平等是本体平等。"本体平等"不排斥意识上对男女两性各自生理、心理、意识特征的基于真实的或者是两者完全一样的或者是存在一些差别的再或者就是存在根本不同的认识,本体平等不排斥在语言表达方面两性之间的相同、相异或相反,本体平等更不是在现代社会甚至过往以及未来的人类社会的各种行为领域、各个分工领域、各个创新领域都无一例外地简单地保持数量、能力或结果上的一致,只要具有男女平等意识并在所有时间、空间及活动中重视这种意识、设置相关机制最大可能保护这种意识、形成这种意识得以肯定的社会氛围,那就等于实现了男女平等或正在推动男女平等的现实实现。男女两性在作为人类主要社会活动之一的行业的形成动机、发展过程,以及行业结构的角色分工中所起到的各自的重要贡献以及对男女本体平等的真实追求所形成的社会环境尤其是现代社会的男女平等环境,必然会使新降生到现代世界并在长大后要缔结的婚姻关系或要通过的婚姻历程中男女两性自然形成一种相互平等的意识和追求，社会存在决定社会意识，社会意识必然影响到个体意识。这种男女两性的平等意识在婚姻领域的两性的数量追求方面，会自然形成对一夫一妻制的追求。简而言之即是，男女平等意识形成对一夫一妻制的选择。

社会发展包括婚姻文明的发展。

社会建立的初心是为了人类共同的生存、发展和完善，但随着社会的演变，特别是在诸种行业基础上，逐渐形成了统一的社会。统一的社会在这个时候就将自身看作社会元素、社会内容和社会体制的统一体，并在此基础上形成了需要社会学理论。社会元素是构成社会的基本要素，需要哪些东西才能建构一个社会、形成一个社会或者说称作一个社会，而不是一种血缘的聚会、松散的联合或临时的组织，这是一个不得不思考的重要问题。社会规模可以有大小、社会水平可以有高低、社会财富可以有贫富，但社会首先必须基本相应的因素，才能形成为社会。那么能够建构一个社会的基本元素是哪些呢？主要是人口、地域和历史。没有人口，社会缺乏主体；没有地域，社会缺乏财富；没有历史，社会缺乏活动。社会由这三要素以及这三要素自身所包含、承载或呈现的各种子要素组成，将人口、地域、历史及其包含众多子元素有机地结合在一起的基于人的能力能达到的生态系统，就是社会本身。

如果我们以社会基本要素为标准进行分类，可将社会分为人口社会、地域社会、历史社会三种，而其中每个社会类型都呈现出了丰富多彩的样貌。如果将这些面相组成一个有机整体，使得社会在为人类谋福利时也同时考虑到为环境谋福利、为时间谋福利，那么这样的社会就可以称为生态社会或深层生态学意义上的社会。生态社会是理想与现实的统一、主观与客观的统一、辩证与历史的统一。当独立的个体来到社会、成长于社会中时，经常将自身寄托于社会共同体中某一网络的时空坐标点上，由于客观形成的社会事实在具体的网络时空点给人带来的利益、地位、名声等因素的数量、层级和范围并不一样，而这些东西又是影响生活质量的重要力量，所以它们就成为外在于人但却规定于人的无法回避的存在，而经济发展、社会昌明、科技发达则是这些规定性存在的客观成果或现实激励。但是，这些要素之所以存在，却并不仅仅是出于经验世界的工具价值，毋宁说它们的存在更具有理性世界的精神价值。

理性世界以"初心"的方式存在于人类的潜意识中，并作为一种深层文化弥漫于社会中的各个层面、各个领域和各个节点，理性世界还是关于生存、发展和完善的世界，还是每个人的全面而自由的发展成为其他所有人全面而自由发展的条件之理想世界的孜孜不倦的追求。而这种追求中，包含着作为两性存在的男女各自的全面而自由的发展、包含着男女各自全面而自由的发展成为相对性别的全面而自由发展的条件，因此，在男女双方之间，互相成就乃是物种所赋予人类的自然的、社会的、人文的使命。从男女双方全面而自由发展及其互为两性全面而自由发展的条件来说，一夫一妻制无疑是最为理想的社会对婚姻制度所进行的选择。即是说，由众多元素所组成的、包含各种社会活动内容和体制结构特点的社会统一体，其存在的主要功能是促进人的自由而全面的发展，而促进人的全面而自由的发展的理念和实践则需要在男女婚姻关系领域选择、提倡和鼓励一夫一妻制。

3. 文化性理由

凡是有组织的社群及其活动，均可称为社会。在社会这一存在平台的基础上，存在着精神性的引领因素，这种精神性的引领因素赋予人生以意义感，从而激励人"向上的心"。在婚姻问题上，存在着"禁欲性文化、纵欲型文化、适欲型文化"三种文化类型。一夫一妻制是适欲型文化的体现，它敦促婚姻主体通过婚姻看人生、自觉追求意义世界的存在。为文化所承认的婚姻主体称为"配偶"。

文化概念是一个十分复杂和多元的表意工具。1952年，人类学家阿尔弗雷德·克鲁伯（Alfred Kroeber）和克莱德·克拉克洪（Clyde Kluckhohn）在《文化：概念和定义的批判性回顾》中列举了文化的164种定义。马林诺夫斯基说："文化是指那一群传统的器物，货品，技术，思想，习惯及价值而言的，这概念实包容着及调节着一切社会科学。"① 梁漱溟先生说："据我们看，所谓一家文化不过是一个民族生活的种种方面。总括起来，不外三方面：（一）宗教生活方面，如宗教、哲学、科学、艺术等是。宗教、文艺是偏于情感的，哲学、科学是偏于理智的。（二）社会生活方面，我们对于周围的人——家庭、朋友、社会、国家、世界——之间的生活方法都属于社会生活一方面，如社会组织，伦理习惯，政治制度及经济关系是。（三）物质生活方面，如饮食、起居种种享用，人类对于自然界求生存的各种是。"② 樊浩先生认为："文化就是人化"，"'文化'就是通过'文'而使自身发生变'化'，从而不断地具有人的内涵，不断提升人性的过程。"③ 我们从"文化即人化"的含义上使用文化概念，"文化即人化"属于成人文化，指向"意义"世界。

何谓"意义"？"人的生存有别于并优于动物的生存之处，根本上在于它富有意义并追求意义。意义是人的生命机能、生存张力、生活意蕴的自我体验、自我觉解，亦是对自身生活于其中的整个生存世界的'人化'属性的领悟。如果说物质和精神是人的生存的两大要素，能力和信念是人的生存的两大支柱的话，那么，意义则是使人的整个生存得以维系和升华的生命之气韵和神趣，甚至就是人的文化社会生命的内涵和底蕴。人的'本真'生存，就是意义充盈而澄明的生存。"④ "人，一旦成为人或自觉

---

① ［英］马林诺夫斯基：《文化论》，费孝通等译，中国民间文艺出版社1987年版，第2页。
② 梁漱溟：《东西文化及其哲学》，商务印书馆1999年版，第19页。
③ 樊浩：《文化撞击与文化战略——中西比较文化原理》，河北人民出版社1994年版，第6页。
④ 张曙光：《生存哲学——走向本真的存在》，云南人民出版社2001年版，第347页。

其为人，就已然具有了'文化''社会'生存方式，生息于天地之中又超越于万物之上，体现着族类的力量而又是族类中的特有个体。可以说，这是人的生存'意义'的先在的'形式'。而人们繁忙着与各种事物打交道，即向着自己的某种目标加以筹划的活动，则是人现实地展开'赋义'和'释义'活动：逐利、求真、行善、审美、趋圣等，都是自己的生命在生生不息的人类乃至自然大生命中的自我确证、自我升华形式。'意义'之所以与人生同在，之所以是人生的题中应有之义，就是因为人生不仅总是自我领会、自我理解着，而且根本上在于人能够领会并理解自身的生命与周围世界本然的亲在或亲切关系和人的自觉自由与重建这种关系的一致性。换言之，'意义'是人的生命的目的性或使命实现中的自我领受。"[1] 意义是人经由对象的自我确证和完善；"无聊"和"单调"是意义的空虚感。意义的实现并不是自发行为，而是自发与自觉的统一。"自发"是指人作为一种高等生物具有追求意义的天然倾向，"自觉"是指人类在有意识地持续不断地探索实现意义的途径、机制和方法。

意义世界往往需要法律文化、伦理文化、宗教文化等予以协助才能实现。法律的调控对象是行为，通过抑制非正义的行为而达到正义的目标，行为中往往包含着利益，所以在其他手段不能奏效的情况下，就使用强制手段迫使个体之间或个体与整体的利益之间回复平衡或复原秩序。伦理调整的也是行为，但是通过对内心深处的情感引导实现这一目标，所走的路径是通过扬善而抑恶，伦理的教育使夫妻双方不仅仅将自身局限于利益层面，更是重视感情。除了法律、伦理之外，婚姻领域往往还有宗教因素的影响，这种宗教不是指外化于家庭之外的他律性的宗教，而是作为婚姻存在见证、基础和保护的夫妻双方都认可的作为婚姻发展结果的家庭精神力量，可能是源于远古的图腾，也可能是源于家

---

[1] 张曙光：《生存哲学——走向本真的存在》，云南人民出版社2001年版，第350页。

族传统，再或者是某种外在的引入，这种家庭精神力量是现代社会婚姻比较容易忽视的一个因素。婚姻看作是利益共同体、情感共同体和精神共同体的统一，无论何种文化，其在婚姻方面的主流精神仍旧是对一夫一妻模式的重视、提倡和维护。

婚姻及其合法性，赋予每个孩子一个完整全面的亲属关系地位，一个延伸到父母双方的亲属网络，"为什么要结婚？……我的观点是：在简单的功利主义立场上根本无法解释婚姻。婚姻是基本的人类互惠性的产物和表现，是社会群体间连接的纽带，是最完全意义上的联盟"。① 婚姻应该超越自然性带来的物理性需求、应当超越社会带来的规定性符合，应当超越文化中所提倡的最基本的婚姻理念，超越法律、伦理及图腾的有限的规定、引导和启示，进入通过婚姻而实现个体成人的意义境界。别尔嘉耶夫说："男人和女人结合的目的和意义不在于种族，也不在于社会，而在于个性，在于个性对生命的完满和完整性，对永恒的追求。"② 当文化承认婚姻之后，婚姻主体的称谓就由夫妻转化为配偶、婚姻的表现形式也就延伸为家庭。从同居、婚姻到家庭的过渡，从男女、夫妻到配偶的发展，从自然、社会到文化的进步，就会有助于消除对婚姻的种种单向度的片面理解，那种认为婚姻只是当事人之间的私事、婚姻只是激情的结合的想法，那些"不婚、催婚、逼婚、隐婚、形婚、闪婚、丁克、剩女"等离奇现象才会烟消云散。"男女两性"才会更加珍惜婚姻和严格自律，实现慎独与共勉有效结合，从而在"生理、心理、精神，家庭、氏族、民族、过去、现在、未来"等领域做到互相尊重、互相欣赏、互相帮助，坚定地履行婚姻所赋予的各种各样的义务但又从不滥用权利，使每个具体婚姻都达到婚姻意义世界的要

---

① ［美］罗伯特·F. 墨菲：《文化与社会人类学引论》，王卓君、吕迺基译，商务印书馆1991年版，第111页。
② ［俄］别尔嘉耶夫：《论人的使命》，张百春译，学林出版社2000年版，第313页。

求,实现跨国婚姻、跨文化婚姻的顺畅、长久和稳固。"一阴一阳之谓道,继之者善也,成之者性也。"(《易经·系辞上》)"男女主体"继"善"而成,致"明德"、达"仁"性;那么,婚姻主体会成为婚姻模范,婚姻领域会复归晴朗澄明。

## 二、信任:"放心的婚姻"

衡量社会文明程度高低的重要指标是信任度。信任度即信任程度,可以从相对意义上区分为高信任度、中信任度和低信任度。高信任度意味着个体、团体、整体三个单元之间相互或彼此完全信任,所产生的社会效果是无障碍运行的良好社会秩序;中信任度意味着上述主体之间将信将疑,只有采取相关措施才能保证社会秩序的有效运行;低信任度则是指不同主体之间心存疑虑,对整个社会运行秩序的稳定性、有效性甚至合理性产生怀疑。如果信任度足以达到社会生存、发展、繁荣的实际需要,则可认为这种信任度基本达标;如果情形相反,信任度就不达标,会给社会带来隐忧和祸患;假如信任度处于两者之间,就会徒增社会运行和成长的成本。就婚姻领域而言,男女双方是否信任对婚姻信心、婚姻质量、婚姻期限等有重大影响。男女双方不仅应当懂得什么是信任,还应知道婚姻信任危机的主要表现以及客服婚姻危机的伦理方法,如此,才能形成"放心的婚姻",进而形成舒心的婚姻、开心的婚姻。

(一)"信任":对预期效果的期待

德国学者尼可拉斯·卢曼(Niklas Luhmann)认为,"在其最广泛的涵义上,信任指的是对某人期望的信心,它是社会生活的基本事实"。[①] 美国学者福山将信任作为一种"社会资本":"所谓信任,是在一个社团之中,成员对彼此常态、诚实、合作

---

① [德]尼可拉斯·卢曼:《信任》,瞿铁鹏、李强译,上海世纪出版集团2005年版,第3页。

行为的期待，基础是社团成员共同拥有的规范，以及个体隶属那个社会团体的角色。"① 英国学者帕萨·达斯古普塔（Partha Dasgupta）认为，人是在正确地期盼他人有所作为这层意思上使用"信任"这个词的，某人对自身行动的选择是与他人这种举动有关系的，他必须选择这一行动，而后才能去对他人的所作所为进行督察。② 波兰学者彼得·什托姆普卡认为，"信任就是相信他人未来可能行动的赌博"。③ 信任有两个主要的组成元素：信心与承诺。多样化的认识反映出对信任概念进行哲学沉思的必要。这些表述所涉及的问题主要有：如何界定信任？信任有没有自己的构成要素？信任有多少类型？信任产生、存续和消亡的条件是什么？信任的功能如何？

我们认为，信任是对能够实现预期效果的期待。信任既可作为名词使用，又可作为动词使用，同时还可以作为形容词使用。例如，"社会信任""相互信任""某人是可信任的"短语中的"信任"或"信任的"的含义就是如此。信任包括主体、客体、内容三个要素。主体意指谁在进行信任，内容意指对哪些东西进行信任，客体意指信任指向具体对象是什么。以主体为标准，可将信任分为个体信任、团体信任和整体信任；以内容为标准，可将信任分为政治信任、经济信任、文化信任；以客体为标准，可分为家庭信任、社会信任、国家信任。信任的初始意蕴是指人与人之间的信任，后来拓展到对其他生物、无生命物质甚至抽象概念的信任。为什么信任发生在人与人之间？因为作为高级生命形式的人类、环境及人类与环境的关系之间同时还具有变动性的一面而不仅仅具有稳定性。如果一切都是稳定的并因此成为可预期

---

① ［美］弗兰西斯·福山：《信任——社会道德与繁荣的创造》，李婉蓉译，远方出版社1998年版，第35页。
② ［美］金黛如：《信任与生意：障碍与桥梁》，陆晓禾译，上海社会科学院出版社2003年版，第32页。
③ ［波兰］彼得·什托姆普卡：《信任》，程胜利译，中华书局2005年版，第33页。

的，那么信任的概念就没有出现的必要；只有在具有变动性的场域，需要通过自身力量克服变动性带来的不利影响而坚守原来的既定性或承诺的时候，信任的概念才得以出现。所以，从根本和主要意义上来看，所有种类的信任、所有领域呼吁的信任，最后都可以还原为具体的人与人之间的意识品质。

信任理念在社会场域的综合运用即是社会信任，社会信任不是原初信任、不仅仅是一种信任，而是由九种信任形式结合在一起的动态的生命体，其中包含着婚姻信任。这九种信任形式分别是生存信任、婚姻信任、终极信任；原地信任、在途信任、新地信任；物质信任、精神信任、文化信任。生存信任，即人降世时对周围环境及人的信任；婚姻信任，即在陌生人相遇而逐渐熟知直到成婚阶段对周围环境及人的信任；终极信任，即人离世时对周围环境及人的信任。这三种信任体现了人生不同阶段的时间序列的信任。原地信任，即在原来生活场域行动时对该场域所拥有的事物保持的信任；在途信任，即在或长或短的迁徙途中对所经过的旅途所有事物的信任；新地信任，即对所到的新的生存空间的信任，对所在空间所有事物保持信任。原地可以成为新地，新地也可以成为原地，人生旅途的空间不断转换，也就形成了对不同空间的信任或空间序列的信任。物质信任，即在物质财富生产、交换、消费领域所存在的经济主体之间的必需的信任；精神信任，即在精神财富的创造、合作、交流领域所存在的精神主体之间的必需的信任；文化信任，即在文化财富的生成、使用和反省领域所形成的文化主体之间的必需的信任。这三种信任形成了对社会领域的行业信任。时间序列信任、空间序列信任、行业序列信任等相互交织、相互渗透、相互转化，共同形成了社会共同体中的"社会信任"大厦。如果依照这种"信任模型"去分析婚姻信任，我们就能发现婚姻信任的社会定位及其主要特色。

人之初，婴儿为相，为母揽于怀，懵懂无知之中凭借生命成长之本能，信任慈母，因所需生命物质之最重要部分皆由母体提供。及年月稍长，可分辨周围之事物，遂对父亲产生认知，私以为父亲具有保护功用，从此母亲供养、父亲保护之心念形成。再长，根据见面时间之先后，逐渐形成对祖父母、外祖父母、亲戚朋友、兄弟姐妹的概念和印象，而信任情怀也从此拓展至整个家庭，再由家庭拓展至家族、民族，以至于人类。这种信任于人生开始阶段出现，故可以称为生存信任。成年之后，为风俗所鼓，成家立业，于此情形，出现男女关系的最深刻信任。由于男女两性在相聚之前纯属个体性的分散存在，所以视为"陌生人相遇"，由于陌生人从此要变为熟人，而且这种以人类繁衍为目的的结合又具有"家国种类"的重大意义，所以信任也变得深刻、全面而持久，信任成为婚姻关系稳定的首要基石。这种信任基于姻缘而生，也基于姻缘而灭，故可称之为婚姻信任。婚姻之中或婚姻之后，个体继续在时空隧道前行，完成各种自然使命、社会职责、家庭义务，待某一日对镜相观，忽觉鬓角华发已生，耄耋之年将至。遂于离世前夕，自愿接受社会眷顾、家庭照顾、朋友惠顾，心有所依、身有所养、情有所靠，将生前身后诸事悉心托付，智者超然生死，时空内外永存，此时的信任超越时空、温暖心灵、造就文明，可称之为转换信任或者终极信任。①

由此可见，婚姻信任处于人生的中间阶段。其实，在人的一生所承担的自然职责中，实现人口自身生产是最重要的天职，没有人，就没有世界，也就谈不上人类所创造的文明。因此，婚姻信任就不仅是"中间信任"，而毋宁说是"中坚信任"。青少年时期是为婚姻做预备，老年时期是为婚姻做养护，而青壮年时期则要为婚姻繁荣而奋斗，婚姻脉络基本贯穿整个人生。所以，处理好婚姻关系，实现婚姻主体双方互信、互敬、互爱，就成为人生最重要的必修课。婚姻信任包括对婚姻本身的信任、夫妻双方的信任以及婚姻所依赖的诸种背景因素的信任，其中并非都处于理想之境，而是在向理想之境进发。"当一个社会信赖自己，生

---

① 赵一强、戴敏：《"社会信任"提升的伦理路径》，载《石家庄学院学报》2016年第1期。

活在信任之中时，它就会发展。"① 当一个社会信赖婚姻时，婚姻就会繁荣。那么，这些"在路上"的"婚姻信任"究竟存在哪些需要提升的方面呢？

（二）重拾婚姻信心——解救被缚的"阿弗洛狄忒"

现代世界，对婚姻持观望立场或回避态度的人越来越多。国家民政局数据显示，中国内地的"未婚"人口到2015年底已经达到2亿人；独居人口从1990年的6%上升到2013年的14.6%，独居户已超5800万人，其中20岁到39岁的年轻"独居户"接近2000万户。中国不婚、独居的趋势，是全世界单身浪潮的反映。根据美国人口普查局在2010年9月28日公布的数据，在25～34岁的人群中，从未结婚的人数高达46.3%，已婚的仅占44.9%，单身人群首次超过已婚人群。日本是全世界晚婚化最为严重的国家之一。2005年日本人口调查统计，25～29岁的女性未婚率在2005年上升到59.0%，30～34岁的女性未婚率是35%，50岁的女性未婚的有6.8%，而以上数字依然呈上涨趋势。

造成单身人口越来越多的原因有很多。随着人们物质生活水平的提高，娱乐活动越来越多，给予了个体丰富的精神体验，独居也不孤独。女性经济越来越独立，自我意识普遍觉醒，感到不需要婚姻一样能够生存，对婚姻生活的内容没有兴趣，认为"结婚不会带来任何东西，也不会拿走任何东西"。现代社会，女性需要和男性一样参加事业和竞争，使得许多女性在婚姻大事上遇到诸多的无奈和尴尬，表面上选择独身，其实是不愿意妥协的被动和无奈，由于没有家庭拖累，单身女可以将更多的精力投入事业。意识上的认知也是重要原因，以表现独立、自主的美国女性婚恋观为主题的《欲望都市》剧作者坎迪斯·布什奈尔说："我们之所以单身，是因为我们想这样"，而"结婚意味着有另

---

① ［法］阿兰·佩雷菲特：《信任社会》，邱海婴译，商务印书馆2005年版，第484页。

外一个人完全介入你的生活，管束你的行踪，我好不容易摆脱老妈的控制，何必再给自己找个镣铐呢？""婚姻是要负责的一个法律和伦理关系。我是个害怕负责任的人，或者说是热爱自由的人，不想被婚姻束缚着"等婚姻认知也在不同程度上影响着某些年轻人。单身潮虽然有如此众多以及其他原因，但如果从信任角度考察，主要是对婚姻没有信任或信心缺乏，这种情形虽然不会成为趋势，但也会影响到每一代人中的一部分，从而从整体上使这些人游离于婚姻之外，带来人口自身生产的巨大损失。婚姻自由原则是对个体意志的尊重，个体的意思自治是对生命历程的选择，同时也是个体普遍物的自然反映，但这并不意味着社会不应予以积极的引导或影响。信心是信任的体现。如果对幸福婚姻、美好婚姻、稳定婚姻、成功婚姻等方面具有足够信心，通过发挥主观能动性克服婚姻前进道路上的困难，敢于相信婚姻、敢于施加信任、勇于担当信任，必能拨开婚姻迷雾，发现婚姻的美好和神圣。

如果我们将婚姻主体分为首次婚姻主体和重复婚姻主体两类，就可以此为基础分析婚前人群的婚姻信任缺乏症状及其解救措施。首次婚姻主体即初次婚姻主体，重复婚姻主体是指再婚主体但不限于再婚次数的主体。对首次婚姻主体来说，主要表现为婚姻恐惧症和婚姻回避症；对重复婚姻主体来说，主要表现为婚姻怀疑症和婚姻利益症。婚姻恐惧症是一种自保意识，婚姻回避症是一种自利意识；婚姻怀疑症质疑天下存在真正的婚姻，婚姻利益症过分考虑婚姻领域的利益属性。虽然可以将整个婚姻看作舞台，看作不断有人进进出出的生活场景，但就具体个人而言，它不是舞台，它更是真实；它不是可以任意上下场的空间存在，它更是时间性的实实在在的人生历程；它不是风花雪月的身体之舞，毋宁说它更是一种快乐与艰辛并存、权利与义务一体、索取与奉献同在的多彩多姿、五味杂陈的使命、天职和精神。

1. "首次婚姻主体"：婚姻恐惧症和婚姻回避症

婚姻恐惧症。有的适龄青年男女不敢启动人生的婚姻程序。

在面对面调研过程中,当被问及原因时,许多人的回答是:担心以后离婚。结婚是为了保持婚姻稳定,有一个比自己独立生活更为幸福的未来状态,但所闻所见的高离婚率使得适龄男女感到婚姻没有保障,缺乏安全感。特别是女性青年,因为婚姻风险对她们的付出带来的伤害更大,所以往往对婚姻没有把握,而总是一遍又一遍地重复追问:"如果结婚,对方对自己能保持忠诚吗?"对这个未来才能知道答案的问题进行提前时态的追问,难以找到确定的答案。于是就在这种犹豫或彷徨的状态中累积年龄,从而失去最佳的选择时期。

婚姻回避症。这种情形主要是对未来的婚姻义务缺乏承担的心理准备或者说对自身能否完成或履行婚姻义务缺乏信心。家庭有多少项目标,就有多少项家庭义务,这是一种理论或逻辑状态的认识;但在实际生活中,并非所有家庭都能在各个方面达到家庭目标或圆满完成各种家庭项目,欲望是无穷的,但现实条件总是有限的。家庭目标以及由此带来的家庭元素的协同、家庭项目的确定是一个动态化的存在,是与所在环境不断适应、不断发展、不断扬弃的一个成长过程;同时就具体的婚姻主体或家庭成员而言,未必能具备时代发展所需要的一切素质、机遇和能力,起码在现在的"前智能时代"表现就是如此。一般情况下,对未来婚姻义务的承担的思考范围,还没有达到这种逻辑的或理想的深度,而主要担心物质和家庭关系的处理。物质方面的担忧往往是,能否通过奋斗拥有一个基本的住所、能否具备满足家庭日常开支和正常支付的基本经济条件。住房、教育、医疗、交通等方面的现实需求成为青年男女不得不考虑的实际因素,然后是对双方父母如何尽义务、夫妻之间如何尽义务、对子女如何抚养和教育成才等问题的考虑。所有这些均是婚前独身时期所未曾存在的。刚刚长大的年轻人不可能有丰富的经验和充足的实力去完全处理好这些方面的关系,因此彼此之间的"不快、分歧、矛盾、摩擦、争吵、隔离"等不协调现象发生的概率就会大幅度增加,而这种情形一旦出现,就会极大打击婚姻质量、影响婚姻幸福,使家庭生活陷于一种战争或准战争状态。对未来婚姻所要承担的诸种义务的信心缺乏以及对所期待的幸福之不确定性的担忧，催生出婚姻逃避现象。

无论男女，婚前被"始源家庭"无微不至地照顾，处于"被关心者"的地位，所享有的是父母无私给予的无尽关爱和无限权利，过着无忧无虑的生活；婚后独自承担生活中的各种义务，每日需要盘算生活中的琐碎事情并尽心尽力地去依次解决，处于"关心者"的地位。婚前地位和婚后地位存在巨大反差以及虽是偶然发生的却是被听闻的婚姻领域的不幸事件所造成的紧张氛围，更是加重了"婚姻恐惧意识"和"婚姻逃避意识"。

2. "重复婚姻主体"：婚姻怀疑症和婚姻利益症

婚姻怀疑症。男女双方因各种原因而产生离异行为，会对其婚姻信任、婚姻信心产生巨大的影响。离异分为自然离异、无错离异和过错离异三种，比较而言，过错离异给人带来的伤害最大，尤其是对无过错方会带来很大的精神折磨和心理痛苦。但离异对持有不同婚姻观的主体所造成的影响并不一样。"婚姻生活观、婚姻游戏观、婚姻严肃观"是比较常见的关于婚姻的想法、看法和做法。婚姻生活观将婚姻当成天职，因此所受到的伤害较轻，因为其拥有强大的宏伟的境界素养支撑，虽然旧的婚姻已经结束，但生活还得继续；婚姻游戏观所遭受的伤害比较小，因为这种意识从来也没有将婚姻当成一件严肃的事情来对待，因此它经常伤害的他人而不是自己，它往往最后才给自己带来损害；婚姻严肃观从来不会伤害配偶，但却容易将婚姻变成拘谨、紧张、辛苦的义务舞台而缺乏必要的轻松和活力，因此很容易受到其他观念的伤害，而且因其凝重执拗的性格特点，往往所受的伤害比较严重。无论在个体意识中占主流地位的婚姻观是什么，离异都不是一种愉快的体验，总会或多或少地留下伤害的痕迹，离异在潜意识里造成了对婚姻神圣性的怀疑，于是在疗伤期过去之后开始拒绝婚姻、摒弃婚姻或者走向另一个相反的极端，开始"看破婚姻、游戏婚姻、滥用婚姻"，从而失去继续走向婚姻殿堂的信任元素支撑。

婚姻利益症。预备再次进入婚姻殿堂的离异人群，婚前的利益计算意识变得十分明显。无论是从上一次婚姻中遭受了财产损失、没有遭受财产损失，或者是因此而得了利益，在下一次婚姻中利益意识均变得比较强烈。一方面是因为利益可能是影响婚姻的重要因素之一，另一方面则是在新组建的家庭中往往已经具有很多的家庭成员，而这些家庭成员基于血缘或亲缘的利益格局、运行模式、流通方式等已经形成，如果不充分考虑利益要素，新成立的家庭必然会矛盾重重。再婚需要处理好的首要问题是财产和子女，而子女的愿望也往往与财产有关。婚前财产约定制事实上在再婚情形具有更多的适用价值，如果将婚前财产约定用于首次婚姻，那么该婚姻很容易蜕变为"利益婚姻、货币婚姻、买卖婚姻"。对婚姻的利益性质的单维理解也将很多再婚欲望压制、阻击乃至消解，婚姻的再缔结变得困难和艰巨。其实，这就是离异给婚姻主体带来的信心不足之巨大影响。

3. "婚姻信心"的自我拯救

婚姻是人类社会最重要的伦理关系。婚姻的幸福直接影响到每个个体的人生质量，欧美国家虽然宣称孩子成年后可以离开父母独立生活并在生活中也不乏其例，但更多是在遇到生活困难时父母与子女之间还是存在着基于血缘关系的没有任何功利计较的无私的同时又是深沉的关爱与照顾。这说明，人为地将婚姻关系隔离化、社会化、分解化并没有为婚姻普遍物所接受，因而通过消灭婚姻而使婚姻幸福的想法和尝试仅仅具有相对意义；因为，婚姻既然已经被消灭，那么婚姻就不再是婚姻，不再是实体而可能仅仅是一种纯自然的同居或契约式联络。既然如此，既然婚姻不能被人为地消灭、既然婚姻是关涉到每个个体生命因而也是关涉到整个人类的幸福同时也关涉到那些为人类辛勤服务的家庭动物"马、牛、羊、鸡、犬、豕"的实际贡献甚至关涉到"五谷丰登"的植物性的存在价值；既然婚姻中不仅仅存在着义务、辛苦或痛苦的一面，它还存在着权利、休闲和快乐的一面，还存在着超越苦乐两边的"无记"状态或正常状态;既然在渔猎时代、农业时代、机器时代婚姻能一如既往地存在、发展并持续进步;既然婚姻即使在智能时代也不会因为时髦新颖而又给人类乃至整个世界提供了种种便捷和舒适的人工智能的出现而消灭人类自身;那么,婚姻就应该受到尊重、受到珍惜、受到重视。

就目前婚姻实践来看,无论人类多么努力,终究是还没有掌握关于婚姻的全部规律,因此,离异事件时有出现。离异发生的具体原因很多,可能是因为情感不合、性格相左、思想差异,也可能是因为婚姻存续期间一方出现违反伦理、违反法律、违反文化的过错,再不就是因为长时间的两地分居、经济条件过度贫穷、社会婚姻政策变化,或者是所有这些以及其他因素的组合。离婚的发生往往从一个具体的点开始出现裂缝,如果当事人没有及时敏锐地意识到这个裂缝的危害性并及时进行意识上、语言上、行为上的忏悔、调整或补救,而是对其忽略或轻视,那么这条裂缝就会沿着内外两条弯弯曲曲的,或明或暗的、相互交叉或相互并行的两条线路逐渐地将整个婚姻球体进行渗透式的扩大性侵蚀,等到这两条断断续续的线路突然间将所有的相互连接任务完成以后,"婚姻实体"或"婚姻金蛋"就会名存实亡。这时的婚姻实体已经不再能够具有其在健康状态时所具有的正常功能,而是出现不同程度的功能缺失、功能受阻、功能异化,如果此时遇到了环境中任何一件正好与"婚姻金蛋"上的裂缝相引应的事件、场景或时点,"婚姻金蛋"就会被引爆,于是婚姻实体宣告彻底破裂。由此归纳离异发生的逻辑顺序是:"婚姻斑点—婚姻蚀线—婚姻碎壳"。在这些有害婚姻的消极因素的形成过程中,有很多因素在悄然发生作用。这就需要婚姻当事人予以提前预防式关注、见微知著式的关注、跟踪现场式的关注;需要研究婚姻的特点、规律和走势;需要创造、增加或补充有益于婚姻的积极因素;需要在婚姻领域懂得夫妻本是一体;需要懂得"时进则进、时退则退,其道光明"的策略智慧;需要懂得坚强地忍耐、无私的相互照顾;需要懂得果断纠正自身错误的勇气、信心和斗志；需要懂得婚姻真谛并培育正确婚姻伦理观；需要不遗余力地诚实地去克服婚姻发展过程中所遇到的或大或小的困境；需要拥有驾驶婚姻之舟乘风破浪驶向幸福彼岸的宽阔恢弘气度、团队作战精神和无往不胜的王者风范。

在婚姻环境有利的情况下走进婚姻容易；在婚姻环境不利的情况下走进环境就困难；在婚姻环境处于"非有利非无利"的情况下，走进婚姻也就处于一般状态，个体选择倾向偏于两极的中间。社会应当敬佩所有进入婚姻殿堂的人，尤其是对那些能够在婚姻环境不利的情况下仍旧坚持进入婚姻殿堂的人，更是应当予以敬佩、赞赏和奖励。男女大伦好，则人类一切好；在人类社会，需要"婚姻自治、婚姻共治"相互结合、相互映衬、相互配合，共同将婚姻这种能够为人类自身经过努力可以把握的幸福最大限度地掌握于人自身手中。婚姻幸福靠人自身的努力得来，不是来自天然赋予或某种外在力量推动。因此，那种因对婚姻规律把握不够而离异的主体，应当超越"一朝被蛇咬、十年怕井绳"的心理雾霾，应进行最快的自我疗伤、果断地推进自己的生活。

遭遇离婚不幸事件的主体可能在任何一次婚姻经历中获得降低婚姻信心的理由，需要做的是，无论婚姻经历有多么艰难，均不能灰心丧气，仍旧要以饱满的乐观态度对待自己的人生，将过去的婚姻经历当作婚姻实验，经历过无数次婚姻试验的失败后必将迎来婚姻成功的春天。即使勇敢选择了放弃对婚姻的追求，也无须将整个人生意义摧毁，无须因此而用非理性物品释放自己、麻痹自己甚至伤害自己。虽然婚姻很重要，但是，婚姻毕竟也仅仅是现实人生的一个组成部分。人的一生有许多有意义的事情要做，为未成年子女准备饭菜或悉心照顾年迈的双亲，勤奋愉快地工作或从事社会公益服务，朋友之间开心相聚或组团出门旅游，同样是生活中不可缺少的重要组成部分。就个体而言，不让过去婚姻的阴影笼罩于今天的生活，不让过去在婚姻中所受到的不公正对待所累积的复仇意识影响到明天的太阳、不让过去的失败婚姻的余震波及未来的健康、心情或事业；相信婚姻困难总会过去；保重身体，重新拥抱明天的太阳。就社会而言，应当形成正确的舆论氛围和观念世界，无论个体婚姻生活是多么的艰难或容易，均要尊重每个人的意思自治，平等地尊重每个个体对婚姻方式、婚姻生活的选择，倾心聆听诉说者的不幸并给予及时有力的帮助，使其早日恢复信心、恢复对婚姻的信任、敢于相信婚姻。通过个体与社会两个维度的共同而积极的努力，让每个人都能将婚姻幸福掌握在自己手中。人类应当对婚姻充满信任、充满信心、应当培育和提升婚姻信任环境，应当将古希腊神话中传说的爱神"阿弗洛狄忒"迎回心中并结出美丽的婚姻果实。

（三）婚姻信任："不灭的夜灯"

当男女主体最终选择结婚并处于"在婚状态"时，就对婚姻信任提出了更高的要求。相互信任是婚姻之舟得以顺利前行的基本保障。配偶的任何一方，均应通过努力，使自己成为一个可信的人；同时也要敢于相信对方。彼此值得信任、彼此能够施信、彼此能够在婚姻信任的主要方面坦诚以待，必然能促使婚姻和谐、婚姻美好。婚内信任的主体是配偶双方、婚内信任的方式是敢于相信和值得相信，这与一般的社会信任构成要素没有区别。与社会一般信任所不同的地方在于"信任内容"，即配偶双方因为共同生活，所具有的特殊的信任内容。婚内信任的内容比一般社会信任内容的要求高，除了达到一般社会信任中的人格信任、能力信任、信誉信任等方面的要求外，还应在"情感"和"财产"两个方面相互信任并做好合理安排。情感是男女两性长相厮守的基础，没有了情感的相互信任，婚姻的基本内核就发生了动摇。财产是男女两性生活和帮助家人的重要的资本，没有财产，婚姻无法持续。对情感的信任起源于对爱情的坚守或忠贞，对财产的信任源于对财产的公平适宜的安排。情感、财产两方面是展开其他婚姻活动或者是对其他婚姻活动信任的基础。为了实现婚内信任目标，就需要男女双方做一个可信的配偶和合理安排好婚姻家庭财产的支出。

1. 做一个可信的配偶

明白危害情感信任的典型行为。

情感信任，是对配偶忠诚性的信任。违背"婚姻忠诚性"的行为是对情感信任的挑战，其典型形式就是所谓"婚外恋"。婚外恋出现的原因主要有男女两性生理规律的差异；异地工作与同地居住的张力；婚姻观念方面的差异。男女两性生殖生理规律存在差异，但并非代表具体个体完全遵循同一程度的规律，也并不意味着不存在克服生理冲动的合理方法，否则很多领域或行业就无法存在，通过物理方法、技术方法、运动方法是可以对自身进行合理范围内的掌控的，但也并非完全走向禁欲主义。现代社会由于社会分工的地域性发展，因此许多人外出务工或跨国经营，而另一方则在固守原来的区域和家庭，除非将来能够运用技术手段将生产性与生活性统一于一个生存空间，否则，生产性的跨域分工与生活性的同住相守之间必然会出现临时的或长久的、局部的或全部的、少数的或多数的张力，这就为婚外恋情甚至婚外性的出现带来了可乘之机。在这里使用"夫去妻随"或"妻去夫随"的制度化的安排不失为一种有效方法，但并不能解决婚姻中所遭遇的诸多现实问题。婚姻迁徙自由还没有办法得到生产力水平、社会基本制度、同一文化氛围的全面保障。既然生产与生活对婚姻主体产生了不同要求，那就需要确立正确而有效的婚外恋观念，需要能够想方设法自我节制而不是听之任之。但这正确而有效的婚外恋观念的形成受到自小的来源于家庭、学校、社会的正式的或非正式的教育的影响，同时也跟个体基因特点相关。

婚外恋对当事人所造成的打击非常严重。"当我发现比尔有外遇时，我感到五脏俱焚"，安吉拉回忆道。她是一位有模特般苗条体型的35～36岁的高个子女人。"什么晚间有会议，什么外出办事，统统都是谎话。在我认识到我是多么的为他工作那样晚和那样努力担心统统是白费劲时，我变得简直是怒不可遏。因为所有的时间他都在外面混女人。"唐今年31岁，做广告推销工作。当他发现他的妻子与其老板的关系不正常时，真像挨了致命的一击。"她发誓说再也不做那种事了,并试图与我言归于好。"唐摇晃着脑袋说,"我还总是发现他们在一起鬼混。我想我是永远也无法忍受这种事的"。① 婚外恋对婚姻中的性爱具有排他性构成了挑战。"性爱排他性从总体上包括狭义和广义两方面的内涵。从狭义上讲,性爱只是主体能完全地、强烈地将自己和另一个人融合的意义上才是排他性的;性爱只是在性结合的意义上、在它承担了全部生命的意义上,才排除对其他人的爱。从广义上讲,性爱双方作为一个特定的共同体,又完全可以和谐融化在人类社会之中,奉献出自己的爱,也享受着广博的爱。这两层内涵结合在一起,构成了性爱排他性的伦理本质。"② 婚外恋与排他性的冲突导致了婚内情感不信任发生。

情感不信任意识的开始往往与某些已经发生或正在发生的事情相关。如果没有真正发生的事实,称之为捕风捉影或疑神疑鬼,属于怀疑阶段;但如果开始搜寻某种现实的证据,就进入了追踪阶段,或者亲自出马、或者雇人帮忙;如果真正掌握了某种事实,就会失去信任,这个阶段称为失信阶段。一旦有过这样的经历,重建配偶之间的信任就会遇到很大阻力,而彼此之间就会出现防范与遮掩心理,心中的距离就会拉开,心与心之间就会形成一张或断或续的无形的相互隔离的网,于是进入"处理阶段"。处理阶段包括三种可能结果:或者从此离异,或者宽恕并改正错误而言归于好,或者"睁一只眼闭一只眼"做一对名存实亡的名义夫妻。如果人类意识已经普遍达到智者高度而非处于懵懵懂懂的朴素状态,如果社会中有意无意地允许甚至放任违背婚姻忠诚性行为发生,如果舆论媒体中不存在对违反忠诚性行为的游戏型调侃甚至是消遣型娱乐,如果婚姻主体能够突破难关严格自律,那么对配偶忠诚性就会提升,而配偶之间也会更值得信

---

① [美]奥利波斯等:《人类性行为》,庞国宾、刘毅等译,大连人民出版社1989年版,第286页。

② 王伟、高玉兰:《性伦理学》,人民出版社1992年版,第197页。

赖。如果婚姻不经过深思熟虑，如果女人倾向于单纯依据感觉择偶，如果男人在择偶时更多地倾向于考虑功利，如果基于两性自然心理特征的婚姻不同时追加理性因素在场的话，婚姻必然会出现或大或小的问题，而且一旦出现问题往往只用本能式的而不是穿透式的解决之道。

运用克服影响婚姻信任行为的意识方法。

婚姻绝对不只是两个人的事，也绝对不是两个家庭之间甚至两个民族之间的事，婚姻涉及整个人类。婚姻个体主义、婚姻家庭主义应当逐渐过渡到婚姻人类主义，如此，婚姻责任心才会增加，而整体的婚姻环境才会不断改善和提升，婚姻的幸福指数以及婚姻的功能才能实现。借用亚里士多德的理论，我们可以说婚姻也有"质料因、形式因、能力因和目的因"，把握每个婚姻的具体规律，是取得婚姻胜利的必要条件。婚姻需要建设、婚姻需要管理、婚姻需要经营、婚姻需要发展、婚姻需要肯定、婚姻需要超越，在婚姻存续期间，任何婚姻主体都应严格恪守婚姻戒律，努力做到符合要求。开小差的行为当事人可能会以为是幸福，但这种幸福在伦理上看来却正是痛苦，看上去是有所得，实质上是有所失。

婚姻领域是需要道德自律的场合。开小差的行为可能不会发生于"天知、地知、你知、我知"的场合，也可能会发生于其中。自古至今，人们对"天知、地知、你知"存在有或全部或部分的、或永久或临时的、或目的的或工具的、或真实的或佯装的、或敬畏的或轻蔑的、或隐蔽的或公开的、或单人的或多人的、或物质的或精神的、或浅层的或深层的等不同"维度、程度和深度"的理解。其实，就"天知、地知、你知"的伦理意义而言，其主要强调的还是"你知道"。天地与他人可能都不知道，但行为主体必定"自己知道"。"自己知道"是"慎独"产生的意识基础。自知"自己知道"，就会成为"自己的主人"；自己不知道"自己知道"就会成为"自己的奴隶"。在人性的光辉面前，是选择"自己知道"还是"自己不知道"是人类所拥有的理性能力。

康德曾说:"全部理性知识,或者是质料的,与某一对象有关;或者是形式的,它自身仅涉及知性的形式,涉及理性自身,一般地涉及思维的普遍规律,而不涉及对象的差别。形式哲学称为逻辑学;质料哲学按所研究的对象及其所服从的规律,又分为两种。因为规律只有两种,或者是自然规律,或者是自由规律。关于自然规律的学问称为物理学,关于自由规律的学问称为伦理学。前者是自然学说,后者是道德学说。"① "约束性的根据既不能在人类本性中寻找,也不能在他所处的世界环境中寻找,而是完全要先天地在纯粹理性的概念中去寻找。同时,任何其他以经验原则为依据的规范虽然有一定的普遍意义,然而它即使有极小一部分甚至一个念头是出于经验的话也是一个实践规则,永远不能称之为道德规律。"② 因为人具有"自然规律"和"自由规律"两种属性,所以,物理学和伦理学就拥有了各自的自然基础。"自由规律"中"绝对命令"的形成并非源于人的有限理性或者气质之性,也并不是源于外部环境,而是坐落于纯粹理性世界,纯粹理性世界对所有有限理性存在者而言,其中存在的道德规律是一种理性的规范同时也是一种理性的命令。就婚内主体而言,应当自觉探寻和遵循纯粹理性的道德规律或道德指令,尊重针对自身的源于纯粹理性的关于婚姻的规律或指令,勇敢探索婚姻信任规律,向成功婚姻迈进。

2. 合理安排好"家庭支出"

现代社会的经济模式主要是采取市场经济,作为市场交易媒介的货币在其中发挥了重要的作用,而物质财富的发展是婚姻中的重要项目,在这个问题上如果没有形成相互认可的财产制度,

---

① [德]康德:《道德形而上学原理》,苗力田译,上海人民出版社1986年版,第35页。
② [德]康德:《道德形而上学原理》,苗力田译,上海人民出版社1986年版,第37页。

就会使彼此之间失去在财产关系方面的信任。婚姻财产一般包括自由财产、夫妻财产、家庭财产三个组成部分，或者来源于继承、或者来源于生产、或者来源于赠予。家庭财产关系涉及三个主要方面，即生产关系、占有关系和使用关系。我们尝试对其合理安排进行客观诠释，目的在于使配偶双方能有相同或接近的婚姻财产观，从而减少因误解所引发的矛盾，增进夫妻信任。

生产关系是在创造家庭财产方面所形成的配偶之间的相互联系。作为婚姻结果的现代家庭财富的创造类型有许多种。如果依照创作主体分，可以分为个人创造、家庭创造、家族创造；从创造的目的来看，可以分为温饱创造、富裕创造、繁荣创造；如果从创造人的特点看，可以分为丈夫创造、妻子创造、子女创造。由于家庭成员尤其是男女之间的自然特点、社会分工、文化偏好未必相同，因此在创造物质财富中夫妻双方所起的作用并不一样，所参与的财富的生产环节或对物质财富生产的介入程度也不一样，如果一方在生产过程出现了婚姻异心，则很容易在此阶段掩盖实际收入或者变相抽逃财产，而将来一旦发生婚变，可供执行的婚姻财产往往受到局限。婚变带来的对社会的负面影响，往往使配偶双方在财产方面出现相互质疑和防范心理，而这种不信任经常导致夫妻争吵，甚至由家庭冷暴力演变为热暴力，导致婚姻矛盾升级。

占有关系基于生产关系而来。通过生产以及其他财富创造方式，所获得的收入主要包括三个部分，一是劳动收入，二是交换收入，三是投资收入。财产的占有关系是婚姻财产中的重要内容，因为它涉及对婚姻财产知情权、监督权甚至审批权。法律上一般存在统一财产制、联合财产制、共同财产制、分别财产制等类型，也可以根据法律规定的形式、效力、适用范围将夫妻财产制分为法定财产制、约定财产制两种类型。[①] 如果从婚姻伦理视

---

① 郭丽红：《冲突与平衡：婚姻法实践性问题研究》，人民法院出版社2005年版，第99页。

野分析，可以将夫妻财产占有关系分为共同占有、单独占有或部分占有。共同占有是指夫妻双方共同占有所有的婚姻财产，它体现了夫妻在婚姻中地位的平等，但在紧急使用财产的时候往往带来不便；单独占有是指将经济收入交给一方占有，或者是交给女方占有，或者是交给男方占有，实践中女方占有者居多；部分占有是指将家庭的一定比例的财产由夫妻共同占有，而将剩余比例的财产由各自占有，保留适当的份额。这里面容易出现的问题是，由谁占有财产往往成为激烈讨论的主题，因为双方都没有完全充分的理由能说服对方，男权主义与女权主义就会在这个时候展开博弈，最后很可能是女性占据上风，因为女性负有生儿育女并照顾他们吃饭穿衣等现实义务，家庭开支必须经过女主人的反复斟酌以保障生活中每个角落的需要。当然，如果是再婚并经过了婚前财产公证，那么婚姻中财产的占有情况就会复杂许多，因为还有再婚双方的子女关系问题需要处理，等于带着原来的婚姻关系残留进入了新的婚姻关系，因此特别需要对涉及婚姻财产的各种关系条分缕析，而这一点尤其需要婚姻社会学、家庭社会学或人类学予以认真的关注、调研和概括，并基于照顾每个家庭成员实际需要的原则，获得利益上、心理上、情面上的平衡或公平对待，从而使婚姻家庭能够保持和睦。因为作为婚姻结果的家庭对于个体成长之命运影响巨大，而且一般家庭还流行着所谓的家长主义作风，因此财产公平关系的设计就显得更为重要。这需要考虑婚姻当事人或夫妻双方拥有治财能力，同时综合考虑其他家庭成员在生产、投资等事业上的实际需要。夫妻理财能力直接关系到家庭的命运，夫妻应当扬弃人类历史上婚姻家庭治理的经验和教训，做合格的家长。

使用关系是指婚姻财产如何使用的问题。一般而言，婚姻财产的使用方向主要有三个方面，一是生活费用，二是发展费用，三是声誉费用。当然，在很多时候，这三项用途很难分清，可能是相互交织在一起，或者说从当前来看，属于生活费用，但从中长期来看，则可能属于发展费用或声誉费用。

生活费用是为了婚姻主体、家庭成员及其基本的生存条件所支付的饮食、穿衣、交通、住房等费用及其伴生费用，还包括需要交纳的税款、应尽的公共义务以及饲养各种家畜等所发生的费用。这些费用并不是一个固定值，在家庭所有花费中所占的比例也不是固定不变的。恩格尔系数可以作为一个典型的符号代表。之所以说不是一个固定值，一方面因为这部分费用会随着社会经济发展水平的变化而变化，另一方面则是存在着许多偶然的、临时性的、意想不到的支出，例如遭遇不可抗力袭击需要支出的费用或者是突患感冒需要支付相应的医疗费用。

发展费用是指为了家庭人口、财产、位阶等因素的数量、质量和范围的增长而投入的费用。婚姻家庭是社会细胞，也是一个相对独立的单位。婚姻家庭也需要不断增长，才能保持或提升家庭的竞争力和发展水平，这就需要进行很多方面的投入，例如教育投入、经营投入、技术投入等内容，但这种投入往往会产生三种结果，有把握的投入会有明显收益、无把握的投入可能效益丧失、比较有把握的投入可能是风险与收益并存。因此，家庭投入一般以有把握的投入为基础，然后再投向比较有把握的领域和无把握的领域。如果婚姻财产的投入能够把握住适宜的市场，就能提升投资的有效性。

至于声誉费用，是指用于家庭声望和名誉的培育、保持和提升所投入的费用。这也不是一个固定份额的费用，而且会因所在国度或文化的不同而存在着种种区别。其中的第一种费用是民间互助行为所需要的费用，这里包括邻里之间的无偿赠予、亲戚朋友之间的礼尚往来、走在路上看到需要帮助的困难人士所给予无私帮助等内容，还有一种是基于社会公益所进行的不同类型的捐助活动。或者帮助村里修桥补路、或者对口支援贫困地区失学儿童，或者应自然灾害而领养和照顾那些不幸的孩子，或者因疫情暴发而为全民卫生尽自己的能尽之力，甚至一场免费的心理咨询或公益讲座及演出，也是属于这方面的投入。其中的第三种费用是基于文化信仰的投入。古今中外，信仰都是一种强大的精神力量，正确的信仰会推动人类历史进步，不正确的信仰则常常会把人类社会打入黑暗的深渊。随着人类智识的增加，征服与改造自然能力的增强，日益成熟的人类越来越懂得从科学的唯物的视野去分析和解决问题，不断推进文明的进步。但是在某些地区或国度，在某些群落或时候，还是存在着某种地方性的信仰或图腾崇拜以及为这些信仰或图腾崇拜提供物品捐助的热情，这里也同时包括人力和时间的赞助，而不仅仅是对某些财物的提供，就具体婚姻来说，其财产可能存在这方面的支出，也可能不存在这方面的支出，但就整个人类来看，这种支出确实存在并在不同历史时期占据了一定的份额。

婚姻财产的使用包括财产的消耗、维修、扔弃等方面的行为。夫妻之间对家庭财政原则的选择是量入为出、量出为入还是出入平衡？是否有足够的措施比如说服、奖惩制度来推行、评估、调整家庭财政政策？对财产所持有的伦理态度，比如是节俭生活、面子生活还是豪华生活等方面，是否能达成一致意见？对财产使用的先后顺序的选择，比如有限的资金是先买车还是先买房或者用于旨在提升自我的教育，是毫不犹豫地购买流行的物品，还是放眼未来世界的变化而选择能对家庭发展有实效的消费？是否认同"成功的婚姻家庭一定是时髦的，但时髦的婚姻家庭却未必是成功的"这一看法？对品牌的选择、汽车保养店的选择、子女所就读学校的决定，乃至柴、米、油、盐、酱、醋、茶等日常花费应该如何支出？凡此种种，均是婚姻财产使用过程中需要予以明确、规划、选择、决定、执行、总结的主题。

社会存在决定社会意识，有某种社会存在，就有某种社会意识。现代社会分工越来越细、专业度越来越高、速度越来越快，这种细密化、技术化、效率化所引发的社会意识的对应变化是，人的心理变得更加细腻、敏锐和灵活，这种变化又反过来作为基础成为社会存在进一步发展的先在力量。这种心理变化也反映到作为婚姻主体的男女身上，作为自然人的夫妻双方，在对上述诸种问题进行决定的时候如果疏于讨论或有意遮蔽，特别是将夫妻财产不经对方知晓而悄然用到主要照顾始源家庭方面而对父母的孝敬却疏于注意的时候,就会引起巨大的不信任感。贯穿于生产关系、占有关系、使用关系之中的一个基本问题:"谁生产、谁占有、谁处分?"如果仅仅将夫妻财产交给一方管理,必然会产生另一方因没有经济地位而处于附属地位的情况,这是与现代社会男女平等原则相违背的。因此最好的办法是"夫妻共同管理财产",但在管理过程中应当从"个原主义"思维过渡到"实体意识",应本着"诚实善良、平等沟通、促进发展"等基本理念进行,同时还应形成一种"令人舒适、感觉方便、具有效率"的协商决定程序。

如果夫妻双方能够在情感上互敬互爱、在财产上能够相互协商、诚实以待,那么就必然会形成和谐的婚姻;否则,就会通过对这两方面不良表现的浮想联翩和主观推断延伸到对"性格"、"品格"甚至"人格"的不信任。如果果真如此的话,婚姻就会因首先在意识上被宣判死刑而在事实上变得无可救药了。

"诗意地栖居"于这个星球是人类的美好生活愿景,但不能仅仅将其理解为形上意义上的表达,婚姻以及由婚姻所导致的家庭生活是人的现实存在,现实的问题需要用现实的手段解决。"镇口老橡树上系的黄丝带"是爱情永恒的标志,车上乘客由此振臂欢呼,此动人的故事伴随着优美的歌声传遍了全世界;善良的妻子总是在夜晚将家里的一盏灯点亮,即使其已睡下,也要让这盏家灯亮着等待早出晚归辛勤劳作的丈夫回家,这盏"不灭的夜灯"代表的岂止是爱情?"不灭的夜灯"代表着人性的光辉,它是爱情的使者、婚姻的见证、信任的表达、幸福的流露。当夫妻能坦诚相待、相互信任时,就等于打开了这盏灯,而"不灭的夜灯"将会使婚姻实体变得更为和谐、美好、顺利、富足、幸福、文明和"充满期待"。

## 三、节制:"纯洁的婚姻"

### (一) 节制:自我控制

节制与智慧、正义、勇气被称为古希腊四大主德。节制对希腊人来说是一种无比重要的概念。希腊文"sophrosyne"有多种涵义,一是指理智健全、稳健,同理智不健全、愚妄而无自知之明、看问题褊狭等意思相反;二是指谦和、仁慈、人道,尤其指年少者对长者、位卑者对位尊者的谦恭态度;三是指对欲望的自我约束和自我控制。一般主要在第三种意义上将"sophrosyne"译为"节制"。

《卡尔米德篇》对"sophrosyne"进行了专门讨论。[①] (1) 节制不是某种平静。卡尔米德首先对"节制"下了定义。节制就是有序而平静地做一切事情,例如在路上行走、谈话,总之以这种方式做一切事情。"简言之",他说,"我应该这样回答,在我看来,所谓节制就是某种平静"。(《卡尔米德篇》159B)苏格拉底问他节制是否属于高尚和好的这一类事物,然后通过列举写信、弹琴、拳击、角力、跳跃、跑步、学习等行动中所要求的"好",提出"节制并非平静,节制的生活也并非平静的生活,因为人们都承认有节制的生活是好的,根据这种观点来看节制的生活肯定不是平静的生活"。(《卡尔米德篇》160C)"由于我们已经把节制列为好的和高尚的事物,即使敏捷和平静一样好,平静的生活也不会比不平静的生活更有节制。"(《卡尔米德篇》)(2) 节制不是谦虚。卡尔米德对"节制"第二次下定义。"我的看法是,苏格拉底,节制使人感到羞耻或使人谦虚,节制与谦虚是一回事。"(《卡尔米德篇》160E)苏格拉底说,节制不仅是高尚的,而且也是好的;谦虚既是好的,又是不好的;节制的出

---

[①] 本部分关于《卡尔米德篇》中有关"节制"的内容,均来自:[古希腊]柏拉图:《柏拉图全集》(第一卷),王晓朝译,人民出版社2002年版,第134~167页。

现只会使人好,不会使人坏;节制是好的,而谦虚既是坏的又是好的,那么,由此推论,"节制不可能是谦虚"。(《卡尔米德篇》161B)(3)节制不是做我们自己的事。卡尔米德又第三次对"节制"下了定义。"我想知道你对节制的另一个定义怎么看,我刚刚才想起这个定义来,是从别人那里听来的,'所谓节制就是做我们自己的事'。请考虑一下他说的是否正确?"(《卡尔米德篇》161B)苏格拉底以老师、医术、建筑、纺织以及做其他需要技艺来完成的事情都属于"做事"的范畴为突破口说,"你认为在一个秩序良好的国家里,法律会强迫每个人自己纺织纱布,给自己洗衣服、做鞋子、水瓶、刮身板以及其他器具,每个人都按照自给自足的原则,不去干涉别人的事情吗?"(《卡尔米德篇》161E-162A,)显然不是。所以,"节制并非只管自己,至少不是这种方式只管自己,或只做自己的事"。(《卡尔米德篇》162A)最后,苏格拉底用激将法迫使提出这个节制定义的克里底亚自己开始同苏格拉底直接辩论而不再是站在那里只是聆听了。(4)节制不是做好事。克里底亚提出节制就是做好事的定义。"我的意思是,做坏事不做好事的人是不节制的,做好事不做坏事的人是节制的。我用明白易懂的词语给节制下一个定义,节制就是做好事。"(《卡尔米德篇》163E)但是,苏格拉底以医生为例说明人有时并不知道他做的是好事还是坏事。"但是医生必定知道什么时候他的治疗可以是有益的,什么时候是无益的,对吗?每个工作的人必定知道什么时候他做的工作使他受益,什么时候不会,对吗?"(《卡尔米德篇》164B)"我认为不一定。"(《卡尔米德篇》164B)"那么,"苏格拉底说,"医生可以时而做好事,时而伤害病人,他可以在不知道自己在干什么的情况下做好事,或如你所说,有节制地、聪明地做事。这不就是你的说法吗?"(《卡尔米德篇》164C)"是的。"(《卡尔米德篇》164C)"所以,这样看来,在做好事的时候他可以聪明地或有节制地行事,他是聪明的或有节制的,但却不知道他自己的智慧或节制?"(《卡尔米德篇》164C)"苏格拉底",他说,"但那是不可能的，如果按照你的发挥，这（《卡尔米德篇》164C）是从我承认的那些前提中推倒出来的必然后果，那么我会撤回我的承认，并且不怕丢脸地承认我犯了错误，而不愿承认一个不认识他自己的人可以是有节制的或聪明的。我几乎要说，节制的本质就是认识你自己，在这一点上我和那位在得尔斐神庙刻下'认识你自己'这句铭文的神的看法一致。"（《卡尔米德篇》164D）这样，克里底亚又提出了他的第二个定义。(5) 节制不是自我认识。针对"节制就是自我认识"的观点。（《卡尔米德篇》165B，《柏拉图全集》第一卷）分析《卡尔米德篇》165B 以下的部分，可以看到，苏格拉底通过质疑"节制就是认识自己"观点存在的前提条件，而达到否定该观点正确的目的。那么，苏格拉底关于"节制"的最后解释是什么呢？苏格拉底说："如果节制或智慧真的可以用我们花费了全部时间来构造的那些定义来界定，那么其结果恰好无情地证明了节制或智慧是无用的。当然，这个结果对我来说，并不值得太多地悲哀。"（《卡尔米德篇》175D）

　　柏拉图在《理想国》中说："灵魂里有两个不同的东西……一个是人们用以思考推理的，可以称之为灵魂的理性部分；另一个是人们用以感觉爱、饿、渴等等物欲之骚动的，可以称之为心灵的无理性部分或欲望部分。"[1] 他认为理性部分是较好的部分，而情欲部分是较坏的部分；一个人若从其大体而使其较坏部分服从较好部分，那么，他所具有的便是节制之美德："一个人的较好部分统治着他的较坏部分，就可以称他是有节制的和自己是自己的主人。"[2] "理智起领导作用，激情和欲望一致赞成由它领导而不反叛，这样的人不是有节制的人吗？"[3] 亚里士多德指出，

---

[1] ［古希腊］柏拉图：《理想国》，郭斌和、张竹明译，商务印书馆1986年版，第165页。

[2] ［古希腊］柏拉图：《理想国》，郭斌和、张竹明译，商务印书馆1986年版，第15页。

[3] ［古希腊］柏拉图：《理想国》，郭斌和、张竹明译，商务印书馆1986年版，第170页。

节制而受理智支配的行为之根本特征，在于不做明知不当做之事；不节制而受情欲支配的行为之根本特征，在于做明知不当做之事："无自制力的人，为情感所驱使，去做明知道的坏事。有自制力的人服从理性，在他明知欲望是不好的时候，就不再追随。"① 包尔生认为，"节制可以被规定为在满足某种有诱惑力的享乐会危及基本善的时候所表现出来的抵制这种享乐欲望的道德力量"。② 节制的实质在于自我控制，是自我控制原则的一种表现。"全部道德文化的主要目的是塑造和培养理性意志使之成为全部行动的调节原则。我们把这样一种德性或美德称为自我控制：这种德性通过独立于短暂易逝的情感之外的理性意志调节着我们的行为。我们可以把这种德性规定为以目的和理想来调节生活的能力。它是全部道德的基本条件，是全部人类价值的基本前提，甚至，是人类本性的基本特征。"③ 自我控制是精神健康的表现，离开了自我控制，就没有自由与个性，也没有个人道德自我的实现，更无法达到社会伦理的要求。

节制意味着坚持健全人生哲学。"人生哲学，观其大略，不外乎两种：一种是理性的、低调的，一种是非理性的、高调的。前者是积极的和健全的，后者是消极的和病态的；前者是合乎人性和道德律则的自然主义的生活哲学，后者是悖乎人性和道德律则的反自然的生活哲学。健全的人生哲学意味着以批判的态度对待权力和金钱，对待一切有可能扭曲人性的异化力量。与此相反，病态的生活哲学则追求那些虚妄的价值，例如权力和金钱，

---

① [古希腊]亚里士多德：《亚里士多德全集》（第8卷），苗力田编，中国人民大学出版社1992年版，第139页。
② [德]弗里德里希·包尔生：《伦理学体系》，何怀宏、廖申白译，中国社会科学出版社1988年版，第413页。
③ [德]弗里德里希·包尔生：《伦理学体系》，何怀宏、廖申白译，中国社会科学出版社1988年版，第412页。

崇拜那些不值得崇拜的人和事物。"① 节制具有不同的表现形式。"节制对人而言，包括人的内心和行动，表现在内外两个方面，表现形式就是理欲之辩。人们所遵从的美德，都是节制的外在展现。甚至可以说，道德就是一种最大范围的节制，它规范着人的行为，导引人走向秩序，秩序就意味着和谐，也意味着最高的善。节制对于社会而言，也同样是建立一种秩序，它的外在表现形式就是制度和规范，对于国家而言是法律，对于民族而言是民族精神，这一系列的规范都使得我们有序地存在着。"②

节制现实性分为家庭意义上的节制、团体意义上的节制、社会意义上的节制三种表现领域，其中任何一个领域又细化为更为具体的领域。例如，社会节制又可体现于技术、法律、舆论等方面。节制包含着主体、客体、方法三要素，分别对应着谁来节制、节制什么、用什么手段进行节制等问题。婚姻中的节制处于家庭意义节制范围。婚姻节制主要是指婚姻主体对自身过度的非理性因素的自我控制。"节制使快乐增加并使享受更加强。"③

（二）节制的困境："在者"与"生境"的张力

婚姻的在场者与其所在的种种现实环境对于节制美德的实现具有三种逻辑上的可能：一是在场者与现实环境均在鼓励、提倡和保护节制得以实现；二是在场者与现实环境两者均惩罚、限制和阻碍节制得以实现；三是在场者与现实环境两个中有一个在鼓励节制而另一个在限制节制。对于节制来说，其中的第一种情形是正态，第二种为病态，而第三种是杂态，其究竟所起的作用如何取决于在场者与现实环境两者之间的博弈。在场者与现实环境究竟是哪个因素在鼓励节制、哪个因素在限制节制或者在场者与

---

① 李建军：《人生哲学：节制人欲及必要的虚无感》，载《名作欣赏》2017年第7期。
② 郭敏科：《论"节制"的伦理意蕴》，载《淮南师范学院学报》2017年第2期。
③ 周辅成：《西方伦理学名著选辑（上）》，商务印书馆1964年版，第83页。

现实环境均在不同程度上包含了鼓励节制和限制节制两种力量，都是需要在分析其对节制风尚结果形成时需要考量的因素。严格来说，哪个方面存在制约节制的因素，就应当从哪个角度予以克服、提升和完善，实现婚姻节制领域的社会伦理与个体道德的一致和统一。如果我们把在场者称为"在者"，把现实环境当作"生境"，可以用下面的图表达上述逻辑关系。

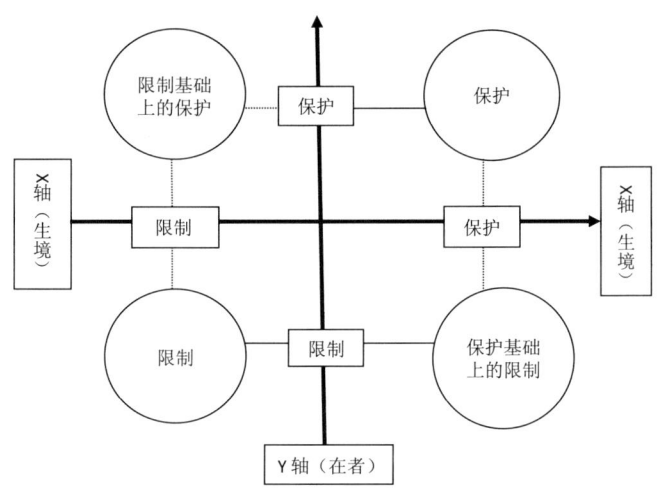

在者与生境之间，生境是客观环境，在者是主体要素。两者比较，在者具有主观能动性，是决定婚姻节制能否实现和实现到什么程度的决定力量。婚姻节制需要把握生境类型，对在者自身容易出现的不良行为进行自我控制。

1. 生境的类型

婚姻节制并不仅仅是个体努力就能决定的事情。婚姻主体所在环境的婚姻节制情况对是否能完全实现婚姻节制影响巨大。我们从婚姻中核心要素欲望的节制角度入手，从逻辑上将婚姻当事人的生境或生活所在的境遇分为"禁欲主义"生境、"纵欲主义"生境、"限欲主义"生境三种。它们存在于不同的时间和空间中，不同的个体往往从中受到观念、风尚和行为的影响，因此特别需要婚姻主体运用智慧趋利避害，保持婚姻纯洁和婚姻稳定。我们运用图景描摹方式对这三种生境中的典型局面予以见微知著式的文字呈现。

（1）"禁欲"生境

禁欲生境主要表现为宗教式禁欲生境、狩猎式禁欲生境、回避式禁欲生境三种。宗教式禁欲是指因成为某宗教团体的一员而禁欲；狩猎式禁欲是为了获取更多的猎物而在捕猎前禁欲一段时间，而回避式禁欲则是为了回避婚姻事务而选择独居生活。其中，宗教式禁欲是典型形式。E. A. 韦斯特马克对"独身生活"的描述体现了这一主题。E. A. 韦斯特马克说：

"对所有的普通男女来说，结婚不仅是自身的渴望，而且也是应尽的义务。同时我们发现，与这一观念相反，在许多特殊情况下，独身比结婚赢得更多的尊重，甚至被视为一项严肃的职责。

图霍人是毛利族的一个部落，他们有一种把酋长的长女奉为'普希'（puhi）的习俗，而且，除她之外，任何人都没有这样的资格。酋长的长女一旦被奉为'普希'，便意味着被赋予了神圣的'塔布'，她不得与任何男子有性接触。除了编织上等衣服之类的工作以外，她也无须从事任何劳动……其目的就是要把她变成部落中的重要人物，使她成为一个受人景仰和拥戴的贵妇。然而，一旦发现她与任何男子有非分往来，她便会遭到贬黜，而失去'塔布'。

有人告诉我们，肖尼族印第安人对某些信守独身的人极为尊敬。在北美其他印第安人部落中，那些穿着打扮、举手投足都显得女人气十足的男子，常被看成是魔法师或神秘人物，并因此而获得声望。在许多民族中，专门从事宗教活动或主持巫术仪式的人员，则必须是独身者。特林吉特人相信，一个萨满如不保持贞洁，他的灵魂守护神就会杀了他。在巴塔哥尼亚，男巫不允许结婚。在波哥大的奇布查人中，祭司必须过独身生活。在危地马拉的托希尔人中，祭司则要立誓永远节欲。……在尤卡坦，有一种与太阳神崇拜相联系的处女社团,当地女孩都要在一定时间内加入这一社团;但在期满后,她们就可以脱离社团,而进入结婚阶段。不过,仍有一些女子留了下来,终身侍奉于神庙而备受称颂。她们的职责是供奉圣火,严守贞洁;如有违犯,将被乱箭射死。在秘鲁,同样也有献身太阳神的处女。她们终身生活在与世隔绝的环境里,要保持贞洁,禁止与异性交谈或发生关系,甚至不许偷看男子,也不许与外界妇女来往。除了那些献身寺庙永葆贞洁的处女之外,还有一些出身高贵的妇女,信守节欲的誓言,在自己家里过着同样的独身生活。……

南印度洋尼尔吉里的托达人中,'挤牛奶者'或祭司只能过独身生活。尽管结婚对印度教徒来说是一件大喜事,但在许多神圣的场合,独身则博得人们的尊重。完全过着独身生活的托钵僧们,最能得到显赫的荣耀,受到人们的敬仰。印度教四个修行期的规定,早已包含有寺院式独身的萌芽。教徒在梵行期或学生期的整个修行过程中要绝对保持贞洁。这种思想在耆那教和佛教中得到了进一步的发展。耆那教僧侣放弃一切性欢乐,'无论是与神、与人或与动物';对淫欲决不让步,从不谈论与妇女有关的话题;也从不凝视妇女的体态。佛教视色情与智慧和圣洁势不两立;据说,'一个聪明的男子应当避免结婚,因为婚姻生活就像是一个烈焰熊熊的地狱。'……寺院生活的基本戒律之一就是:'凡受剃度的僧侣,均不得有性交活动,更不得与动物性交',违犯者必遭惩罚,并不避免地要被逐出佛门。……锡兰的佛教僧侣们完全与妇女隔绝。中国的法律规定所有佛教或道教的僧侣都要独身。在那些长命百岁的老道中,还有一些长期过着禁欲生活的女道人。"①

(2)"纵欲"生境

纵欲生境分为男子纵欲生境、女子纵欲生境和男女均纵欲生

---

① [芬兰] E. A. 韦斯特马克:《人类婚姻史》(第一卷),李彬等译,商务印书馆2015年版,第358~361页。

境三种。其中男女均纵欲生境最为典型。它指男女关系极度混乱的状况。瓦西列夫说：

"古希腊罗马的奴隶社会中存在着相当大的性自由，对性生活的限制是不严格的。古代所特有的这种毫不掩饰的色欲在艺术的发展中也有表现，后来它导致了人的价值下降，导致了低级趣味的泛滥。……罗马帝国衰败时的特点是男女关系的贬值。性生活日益丧失其原有的道德方面的和美感方面的优美。罗马以风气荒淫而'闻名'。古罗马诗人玉外纳在他愤懑的讽刺作品里说，'永恒的城市'的大街上充斥着'脸色阴郁的流浪汉'，到处都在'纵酒行乐'，男人淫欲无度，妇女则以卖弄色相为荣（真可以说是感情极端退化，一派低级趣味）。妇女肆无忌惮，不知羞耻为何物。政权失去了作用。性关系上的混乱达到了惊人的程度。"①

（3）"限欲"生境

"限欲"生境主要分为男子为主、女子为主、男女为主三种生境。男子为主是对婚姻环境影响最大的因素，女子为主实际上是对氏族时期母系社会中女性尊贵地位的集体记忆，而男女为主是指男女平等，是最为理想的"限欲"生境；三者分别对应着大男子主义、女权主义和男女平等主义。"夫为妻纲"模式的描述体现了男子为主生境的特点，但现代社会婚姻应当将其扬弃。"夫为妻纲"模式的特征如下。

"其一，男女地位之别被意识形态化。所谓天道成乾，地道成坤；乾为阳、坤为阴；阳成男，阴成女；故男性应刚，女性应柔，男子主动，女子被动等等。董仲舒倡导'三纲'，其中之一为'夫为妻纲'。《白虎通·嫁娶》说：'阴卑不得自专，就阳而成之。'它支配了儒学社会中有关妇女的社会地位、家庭地位的基本观点。

---

① ［保加利亚］瓦西列夫：《情爱论》，赵永穆、范国恩、陈行慧译，商务印书馆1984年版，第47页。

其二，儒学社会中的宗法观念中将女性排斥于'子'之外。宗法社会有一种最特殊而最不平等的观念，便是妇人非'子'。'子'是滋生长养之意，是男子的专称，是能够传宗接代的，妇人不过是'伏于人'罢了，夫人不过是'扶人'罢了。人就是第三者，是他人，所以妇人是伏于他人的，夫人是扶助他人的，自己没有独立性。虽然'女子'也称作子，但其用意已和男子之'子'不同。《大戴礼记·本命》说：'女者，如也；子者，滋也；女子者，言如男子之教而长其义理者也，故谓之妇人。'

其三，将女性视为男性的附庸。女子的一生被分割成两个阶段、三个部分，即未嫁与既嫁两个阶段，从父、从夫、从子三个部分。儒学社会要求妇女在家庭中，未嫁从父，既嫁从夫，夫死从子（最早见于《礼服·丧服》）。女性在家庭中的地位，决定了其在社会中的地位。在社会上，妇人无名，系男子之姓为名；妇人无谥，因夫人之爵以为谥。

其四，对女性提出了许多单方面的伦理性规范要求。在儒学社会中对女子的伦理性规范要求主要体现在所谓'四德'（最早见于《周礼·天官》）、'七去'（《大戴礼记·本命》）之中。其中'四德'之中除妇功（麻丝纺绩）之外，妇德（贞顺）、妇言（辞令）、妇容（婉娩）都和伦理性要求相关。'七去'中除'有恶疾去，多言去，盗贼去'之外，不顺父母去、无子去、淫去、妒去等都和伦理性要求相关。'三不去'即'有所取无所归不去，与更三年丧不去，前贫贱后富贵不去'，其中'与更三年丧不去'也和伦理性要求相关。

其五，对女性的伦理性要求中最重要的是对'贞'的强调。'贞'字很早就出现了。'贞'字在《易经》中有三个含义：一是指'正位乎内'为'贞'，二是指'恒其德'为'贞'，三是指女子杂交可谓不'贞'。随着儒学社会的伦理控制的逐步深入，儒学社会对女性的'贞'提出了越来越多的要求。儒学社会中对女性的'贞'的要求和儒学社会中对男性政治行为的'忠'的要求是一致的，或者说儒学社会把有关'忠'的秩序的建构进一步引申到日常伦理之中。'守节'便是对日常生活中女性行为的重要的伦理控制。"①

上述三种生境各有其特点，对在者节制的影响也不相同。纵欲生境中没有节制因素，将人返还于自然物本身；禁欲生境全是节制要素，人口繁衍成为难题；限欲生境中男女平等理想之境能够扬弃两者不足提升人类婚姻品质。环境不能决定个体具体的婚姻价值取向，但有作为基本制度的引导制约和影响。作为婚姻当事人的"在者"与其所在环境"生境"之间，如果能正态地保持一致，那么就会婚姻和谐；如果保持病态的一致，那就会出现婚姻混乱；如果两者处于不一致状态，那么或者是婚姻和谐或者是婚姻混乱。个体对节制的态度、所拥有的节制能力、节制决心并不是一成不变的常量，它经常在个体尚未有明确觉察的情况下悄悄发生变化，也可能是由于个体基因成长到了某个环节，也可能是遇到了新的经历而改变了自己的想法，或者两者兼而有之，因此个体节制品德的培养应当是一个随时需要自我警惕的连续性的自我教育过程。同时，"生境"类型本身不但有时代性、民族性、地域性，而且还具有跨越这些因素的共同性。现代时期包括着以往时代的"生境"，此地的"生境"也会受到彼地"生境"的影响。许多婚姻主体常常是在对自身因素和环境因素缺乏全面把握和有效控制的基础上就进入的婚姻殿堂，然后再通过自身的婚姻中喜怒哀乐来体验和总结关于自身及婚姻环境的认识，这往往就已经晚了许多年。"言前定则不跲，事前定则不困，行前定则不疚，道前定则不穷。"（《礼记·中庸》）在进入婚姻殿堂之前，应主动了解关于婚姻、婚姻节制及其他伦理理念的符合"逻各斯"的真理性知识，需要生境对婚姻节制美德的承认、提倡和赞扬。无论身处何种生境，在者均需要对以下方面进行重点节制。

---

① 陈劲松：《儒学社会通论》，中国人民大学出版社2007年版，第349~350页。

2. 在者的节制"重心"

婚姻节制中最主要的内容是性欲节制、财欲节制和暴力节制，如果个体能够在生活中对这些方面进行有效控制，则无论环境如何，均能保持婚姻和谐、婚姻稳定和婚姻安全；如果不能做到，则无论环境多么正常，也会出现婚姻对峙、婚姻分裂和婚姻危险。婚姻现象不胜枚举，我们运用几个例证对婚姻在者对节制没有坚守所导致的后果进行分析，同时也是从反证角度阐明婚姻主体节制的重要性和必要性。

**案例之一："男人是把握不住的游丝"**

**案情**：田某某与王某某一个月前办理了离婚手续，他们彼此都终于解脱了。王某某回澳大利亚继续做工程师，而田某某不再是他的"留守夫人"。

王某某与田某某是在上大学四年级时一次舞会上认识的，王某某约田某某跳了两场舞，还教了她一会儿。之后的一个星期六王某某约了几个男生和包括田某某在内的五个女生去划船，从小就晕水的田某某在船头站立不稳掉入水中，王某某将其救起，并在随后的一周里每天去探望田某某，因而成为田某某心中的白马王子。毕业一年后，二人结婚，当时王某某在读研究生。王某某家中给了一套两室一厅的住房和彩电、冰箱、音响等家具，生活的物质条件不错。

婚后三年左右，他们有了自己的女儿，王某某的工作也蒸蒸日上，经常被公司派去出差。有一次，王某某去哈尔滨出差三个月，帮助别人安装调试电脑和培训人员，一个月后又去北京出差。一个二十五六岁的电脑班的学员女子在此期间敲开了王某某家的大门，发现王某某有妻子，很吃惊，流着泪说："他和我说他还没结婚，我才和他好上的，可咋会有妻子呢？"田某某领其去市医院作了人流，并给了她2000元，还让其在家休息了半个多月。王某某从北京出差回来后，给田某某磕头道歉，田某某原谅了他。但他从此对孩子很少关心。后来，王某某自己决定到澳大利亚去做两年的高级劳务，其间又与一个从国内去澳大利亚的女子同居，还刻意隐瞒。于是田某某在极端失望下与其办理了离婚手续。

田某某说："十几年的夫妻情结束了，我独自大哭一场之后，就当一切是过眼烟云。现在有时我总在想，为什么十几年我都没能把握住他？因为男人真的是把握不住的游丝。"①

**评析：**田某某与王某某自大学时代认识，毕业后结婚。田某某养育孩子，王某某努力工作，家庭条件优越，按理说具备了幸福婚姻的必备条件。但王某某在出差过程中出现婚外情，在第一次得到原谅后又出现了第二次，而且在出国问题上没有同妻子协商，没有尽到夫妻尊重、抚养子女的家庭义务。婚外情是导致这个家庭破裂的最主要原因，它给田某某带来了对婚姻的迷茫和对男人的失望。

男人有男人世界，他们很容易达成共识；女人有女人世界，她们也很容易达成共识；但在男人共识与女人共识中，不应当包括故意或过失的相互伤害的因素。就许多女性而言，拥有一个幸福婚姻和美满家庭是从小就拥有的生活理想。因此在婚姻存续期间，女性往往对家庭付出较多，很多情况下甚至放弃了自身的成长。而男性主要的活动舞台是社会，男性通过家庭的滋养而成长，最后却伤害和离开家庭。这种行为是缺乏感恩之心，不负责任的体现，也暴露出其错误的婚姻观，误将家庭当成合伙组织或者有限公司。在传统的男权社会中，男人的堕落总是归咎于女人。在古代中国，人们认为女人是"祸水"，君主之所以荒淫、亡国，是由于迷恋上了"狐狸精"。在古代西方，这种观念的出现也许是始于伊甸园里亚当和夏娃的故事。女人对待爱情的心理排他性与男人对待爱情的身体游移性是关涉到夫妻生活的一对永恒矛盾，矛盾的解决应当站在现代文明建设的高度，维护女性的尊严和要求。因为女性直接负责生养子女、负责人口自身生产，男性应自觉节制自己的不良行为，采取行之有效的节制手段。

---

① 雪莹：《解析危情》，北岳文艺出版社2001年版，第46~53页。

**案例之二:"两个人就是因为钱的事"**

**案情**:1995年,王某某和交往了一年多的李某某结婚,第二年生了一个女儿。然而不久,两个人就因为钱的事经常吵闹。王某某是老师,李某某在印刷厂工作,两人工资都不高。依照当时的房改政策,王某某所在单位分给其一套公房,需要花3万多元购买,王某某就从自己的娘家借了3万多元买下了这所房子。王某某觉得夫妻俩总是要还这笔钱的,然而她丈夫对还钱非常有意见,每还一次钱,两口子就吵一次嘴。钱总算还上了,但两口子的缘分也到了头。在1999年1月王某某提出离婚后,两人就分居了,李某某也在那时提出了离婚。1999年8月,李某某将所在单位在婚前分给自己的一套住房让自己的父亲买下而且自始至终瞒着王某某,王某某是后来在起诉离婚时才知晓这一情况的。2001年4月,王某某向青岛市南区法院提出离婚,法院认为李某某的行为属于转移财产,依法进行了审理判决。案件中离婚的男女双方,如今见了面,就像仇人一样。[①]

**评析**:经济问题是婚姻中所面临的重要现实问题,但比经济问题更为重要的是夫妻之间处理相互关系的方式。特别是当家庭收支捉襟见肘陷于困境时,如何处理财产关系考验着夫妻双方的互信和感情。王某某和李某某收入都不高。王某某希望能将买房借的钱还给娘家,这是常情常理。李某某不想还,但在争吵后又不得不还,感受到了财产损失和自身尊严的双重丧失。在接下来的行为中,李某某用瞒天过海之计将婚前住房隐瞒下来,并在婚姻出现裂缝后私自让其父亲购买,这种行为严重偏离了婚姻信任的轨道,是未能节制自私和逐利欲望使然。

现实世界的男女各有其禀赋,不同的性格倾向往往会形成不同的生活风格。认识到自身及对方的性格特点,自觉地顺应和满足这些趋向,是夫妻相处之道的必然要求。同时,将自身自觉地

---

① 中央电视台《今日说法》栏目组编:《聚焦婚姻》,中国人民公安大学出版社2003年版,第59~66页。

从性格的局限性中超越出来，不要求对方完全依照自己的意思去行为，则更是夫妻之间的相互尊重。婚姻不仅是一个物质实体，更是一个情感实体、精神实体，任何进入婚姻的个体都应当自觉地限制甚至在某些时候要放弃自我意识而进入婚姻意识、家庭意识、实体意识。没有节制，就没有婚姻的成功。男女有效节制自己的爱财、好色本能，才能促进婚姻和谐和社会婚姻风尚的提升。

调查显示，与美国的离婚趋势类似（Raley & Bumpass, 2003[1]; Wilcox & Marquardt, 2011[2]），中国"受教育水平"与"离婚率"之间大体上也存在负相关关系（尽管硕士以上学历的离婚率略高于本科学历的）。这可能是因为受教育水平更低的人可能会面对更多生活的艰难。当他们为了生计疲于奔命时，也就没有足够的时间和精力来维系与经营婚姻（Schoen, Rogers & Amato, 2006[3]）。正所谓"贫贱夫妻百事哀"。这还可能是由于他们相对更缺少有效的解决问题的方法，婚姻也因此更可能在面对矛盾和挑战的时候破裂（Holley, Yabiku & Benin, 2006[4]）。鉴此，任何个体都要在促进婚姻成长的同时提升自身的人文素质，确立终身学习观念，缺什么补什么，不能用已有经历中所形成的习气去限制自身发展；任何个体均有义务在婚姻中限制气质之性中自私自利、唯我独尊、骄横自大的一面，发挥公平大度、仁慈平等、利益众生的一面。

---

[1] Raley, R. K., & Bumpass, L. (2003). The topography of the divorce plateau: Levels and trends in union stability in the United States after 1980. Demographic Research, 8, 245-260.

[2] Wilcox, W B, & Marquardt, E. (2011). The State of Our Unions 2011: Marriage in America. Charlottesville, VA: The National Marriage Project.

[3] Schoen, R., Rogers, S. J., Amato, P. R. (2006). Wives employment and spouses marital happiness: Assessing the direction of influence using longitudinal couple data. Journal of Family Issues, 25, 506-528.

[4] Holley, P., Yabiku, S., Benin, M. (2006) The Relationship Between Intelligence and Divorce. Journal of Family Issues, 27, 1723-1748.

**案例之三:"婚姻暴力的严重后果"**

**案情**:2009年8月14日,鲁某某因涉嫌犯故意杀人罪被刑事拘留,同年8月26日被逮捕。4月7日,记者从青州市公安局获悉,鲁某某因犯故意杀人罪被判处有期徒刑8年。

40岁的鲁某某出生在贵州省六盘水市,25岁时来到青州打拼,落脚在青州一商场当售货员。一名叫孟某某的男性顾客看到美丽大方的鲁某某后,主动与她打招呼,有事无事找鲁某某聊天。很快,鲁某某在他的花言巧语下与他交往起来。偶然间,鲁某某发现孟某某在拿任何东西时都是使用左手,从没用过右手,鲁某某倍感奇怪,询问其原因。孟某某言辞闪烁。当鲁某某一把抓起他的右胳膊时,惊讶地发现那是一只没有手的胳膊!欺骗的感觉使鲁某某想放弃与孟某某的交往,可接下来面对的是孟某某的恐吓威胁:如果不与他结婚就杀她全家。在这种逼迫下,两人于1995年结婚。

婚后,孟某某性格暴躁、孤僻、蛮横等恶习暴露无遗,抬手就打,张口就骂,动不动就罚跪……鲁某某每天生活在黑暗和恐惧中。女儿出生后,成为丈夫的第二个出气筒。她在父亲的打骂中长大,每当写作业时听到父亲回家的声音,写字的小手就会不自觉地发抖。更令人难以忍受的是,丈夫在外面还养着情人,不仅一分钱不拿回家,还将鲁某某的工资全部夺走。为了生活,鲁某某在每月发了工资后,总是偷偷地藏起150元,以供应母女日常开支。

暴力充斥着这个家庭,使人失去理智。2009年8月14日凌晨,当孟某某赌博回家,把鲁某某从被窝里拖出来并劈头盖脸地殴打她时,长久以来埋在内心深处的怒火突然爆发,她用力反抗,将丈夫摁倒在床上,用双手猛掐其脖子……等鲁某某清醒过来时,发现丈夫已停止了呼吸。①

---

① 赵一强、戴敏:《"社会信任"提升的伦理路径》,载《石家庄学院学报》2016年第1期。

**评析：**婚姻是"始源型"的伦理关系。由于婚姻的存在，才出现了"父—子、兄—弟、君—臣、朋友"其他四伦。婚姻是权利，但更是义务，担当着人类生存繁衍的重要使命。婚姻的产生、运行和维系，均需以诚实信任为基础。本案中的女当事人在婚前恋爱阶段即遭欺骗，在男方逼迫之下而成婚，这违背了婚姻自由原则；男方在婚后不但没有尽到"供养、保护"家庭的义务，而且还有违背"夫妻忠实义务"的行为，这进一步打破了婚姻的诚信基础。最后，婚内怨恨交加，导致悲剧发生。

据统计，中国每7.4秒就有一名女性被家暴，这是婚姻文明程度低下的表现。家庭暴力固然可以通过《反家暴法》来进行外在规制，但更主要的还在于婚姻当事人的严格自律，因为婚姻生活丰富多变，只有生活在一起的当事人才能找到和谐相处的有效方式。任何人在自己的生命轨迹中都会遇到不幸或困境，但不能将这种不幸或困境所引起的不良情绪带入婚姻，也不能将社会所给予个体的压力交由婚姻承担，而应当严格自律、自强不息，想方设法适应、克服和超越这些困难，竭力避免争吵和暴力行为。婚姻不是发泄不良情绪的场所，也不是恣意释放自身压力的地方，更不是肆无忌惮地发挥自身恶德的领域。夫妻尊重体现于所有方面，婚内暴力必须竭力避免。如此才能提供好的婚姻榜样、激励婚姻信心，才能有效化解"婚姻恐惧症、婚姻冷漠症、婚姻游戏症"，维持社会共同体最基本的伦理秩序。

（三）走向慎独："尊重婚姻初心"

婚内主体有各种分类。根据所处年龄时段，可以分为生育期前主体、生育期中主体和生育期后主体。基于对婚姻节制探讨的需要，我们从生育期前主体、生育期中主体和生育期后主体或者少年儿童、成年人、老年人角度对实现节制的具体途径进行分析和说明。

1. 尚未进入生育期的少年儿童

少年儿童的性生理和性心理尚未成熟，更没有明确的婚姻意识。无论外在环境怎样诱惑，都处于被动的待引发的状态。在从

"沉睡状态—唤醒状态—作用状态"的转变过程中，内在的生理机能和外在的社会风尚都会对其婚姻观产生影响。

少年儿童的成熟应当是遵循自然生长规律基础上的成熟，而不是被生长激素催熟，所以在食品安全上国家一直采用强制性标准进行规制。这种强制性标准的管理是对"人"本身的成长负责。然而，由于环境污染、各种生长激素的滥用，仍然使得现代社会的许多青少年接触到了过多的性激素而出现性早熟现象。这种被催熟的状态不能称为进化，毋宁说是一种违背自然成长规律的施肥、嫁接或奇葩。由于早熟少年的生理成长早于其心理、气质的成熟，很难全面认识和有效控制自己的行为，在缺少父母教育与社会风尚正确引导的情况下，就有可能误入歧途。因此，父母必须给孩子灌输正确的婚恋价值观，提倡以感情为基础的婚恋心理，而不是一切为了子女的幌子给"有房有车有存款""高富帅""高富美"等诸如此类物质主义的消极思想披上合法的外衣。

处于生育期前的少年儿童可塑性极强，极易受周围环境影响，他们或她们就像正在成长的小树，环境对他们来说就是阳光雨露或暴风骤雨。《金赛性爱对话》中一项调查指出，成长期美国人的性知识来源，42%来自朋友，29%来自母亲，22%来自报纸杂志，接下来就是来自男女朋友及正式的性教育，分别是17%和14%。[①] 在内在基因一定的情况下，有什么样的环境就会对少年儿童产生什么样的影响，就像树木会向着阳光伸展枝叶和向着水源深扎根系一样。如果环境中的婚姻风尚正态，那么青少年的婚姻观念就会趋于正常；如果婚姻风尚庸俗，那么青少年就会滋生病态的或残缺不全的婚姻观。

人类作为环境之子，同时与环境又保持着必要的张力，相互作用的机制是类似于身体之于细胞的关系，两者相互联系的渠道也有本性、身体和气质三方面的途径，因此，婚姻环境教育应该

---

① 陈颂红：《性教育》，载《跨化纪时文博览》2010年第1期。

从这几个途径入手。要形成和保持正面的婚姻观念,需要做到:(1)婚姻主体应作好自我节制;(2)培育良好正态的婚姻风尚和舆论环境;(3)无论基因储存或环境容量,其中充满的是真实的关于婚姻的知识、原理和方法,而不是一种模棱两可的猜测性意见或基于情绪的高昂的表达。

2. 处于生育期的男女——或者说"生理意义上的成年人"

人的成长分为身体成长、功能成长、本性成长三个部分,环境中物质文明、精神文明、生态文明等方面的建设概略与其相对应。婚姻领域对人的成长的关心主要是集中在身体成长方面。我国婚姻法规定,结婚年龄为男不得早于22周岁,女不得早于20周岁;法国则规定,男未满18岁、女未满15岁不得结婚;瑞士规定,男、女均满18周岁,始得结婚;美国大多数州规定年满18周岁的男女可以缔结婚姻,已满16岁不满18岁的男女须经父母或法官同意[①],同时对精神是否健全、是否具有某种疾病、是否具有亲属关系等也有规定。可以将主体年龄、精神情况、健康情况、是否是近亲属等归属于身体成长方面,因为这几个因素均是自然存在的,非个体主观意志所能掌控的事实。至于婚姻主体的功能成长或者说内在精神文明的成长,婚姻法却鲜有明确的要求。因为这些往往是社会化过程中的成果,所以就交由当事人自己去思考、选择和决定,这也是对婚姻自然性的尊重。至于人的本性发展或者说人自身的文明程度,各个国家基本没有将其列入婚姻缔结所需要的实质要件,至多在有的文化风俗中有所提倡,而这种个体本性或文明建设却是婚姻所须臾难离的。而且从某种意义上说,婚姻本身并不是婚姻的目的,婚姻通过男女两性的结合形成一个家庭实体,对于整体来说在于促进社会文明和人类文明的进步,对个体来说则是通过生理、功能而进入本体世界的自我成长、自我完善。因为"人同此心、心同此理",所以通

---

[①] 王竹青、魏小莉编著:《亲属法比较研究》,中国人民公安大学出版社2004年版,第35~46页。

过本体世界的良性互动则会使整体与个体的伦理造诣同时提升并协和一致。

现代社会的婚姻建设的重点放置于身体成长方面，具有制度安排意义上的合理性，同时也是对个体意志自由在婚姻领域加以运用的尊重，但这也说明，婚姻领域的其他两个方面即功能方面、本质方面或精神文明、生态文明方面并没有被法律同时关注和有力调控，于是就会出现遵循基本规定下的交由个体自由意志自我调整部分所形成的乱象。由于自由意志本身也是坚定性与灵活性的结合、自主性与环境性的作用、同一性与多样性的切换、连续性与短路性的循环，因此自由意志具有一定程度的自我调控性，当这种自我调控性针对不合理的婚姻欲望而发生时，就出现了理论上称为"节制"的观念和行为。对于婚姻疾病，仅仅依靠一种调控工具是无法治本复原的，需要多种治理工具同时并举，而且治理工具的运用要有真理性、适度性和恰当性并因此得到婚姻主体的认可、配合和自我调整，才能使婚姻恢复至健康状态。

处于生育期间的人群，受到生理冲动的促动，同时也有自我理性的调整。就其自身而言，当生理冲动超过自我调整能力时，就会处于失控状态；当自我调整能力超过生理冲动时，方能处于正常状态。从个体与环境相互作用的角度说，如果个体具有很强的自我调控能力，而环境对生理冲动放任自流甚至大肆宣扬，那么个体就需要不断提升自己的节制级别或者说抗干扰能力才能应对或超越，否则就很容易被污泥浊水所裹挟；如果个体的自律能力缺乏或麻木、迟钝，那么无论所在的环境婚姻文化如何，是正能量充足还是邪能量充斥，均没有办法阻止个体走向婚姻领域中的昏暗区间。

生理冲动与自控能力、个体冲动与社会自律或个体自律与社会冲动等关系的处理，其着手之处还在于观念。没有相应的观念，就不会有相应的行为。由于观念的形成并非完全自生，很多情况下是通过身体的感觉器官摄入习得的，而这种摄入与习得往

## 第三章　现代社会婚姻的伦理理念

往并没有常规不变的途径或方式,而且观念受到影响的方法往往是通过主动影响、直觉影响、无意识影响而发生的,所以婚姻观念的形成、输送、结果等方面的运行机制是非常重要的,其中包括生成要素、合成环节、观念性质、输送途径、传播方法、影响预测、结果评估等方面的内容。

观念具有潜伏性、成长性、适时性、隐藏性、多变性,婚姻领域需要正确观念,这不仅针对的是个体维度,同时也指向整体维度。即使个体与整体维度都具有正确的婚姻观念,也不确保婚姻领域就不出现偏离常规的婚姻形态。因为人类作为一个物种,并不是天地间唯一的存在,从"趋生恶死、趋乐避苦"的本能来看,人类与其他生物并无二致。边沁认为,"自然把人类置于两个至上的主人'苦'与'乐'的统治下,只有它们两个才能指出我们应该做些什么,以及决定我们将要怎样做。在它们的宝座上紧紧系着的,一边是是非的标准,一边是因果的环链"。[①] 边沁把道德判断的标准归于人的苦乐感觉。快乐就是善,痛苦便是恶。密尔认为:"承认功利为道德基础的信条,换言之,最大幸福主义,主张行为是与它增进幸福的倾向为比例;行为的非与它产生不幸福的倾向为比例。幸福是指快乐与免除痛苦;不幸福是指痛苦和丧失掉快乐。"[②] 无论边沁的个体功利主义与密尔的社会功利主义的具体观点及其适用性、科学性如何,"趋利避害"确实是人的一种本能。当其他生物与人类相互作用,而都基于各自的本位进行趋利避害式的本能努力时,难保不产生相互的影响,包括对人类婚姻领域的影响。这样一来,所谓正确的婚姻观念,其作用就不仅仅在于对内的功能,即引导个体整合为实体了,毋宁说还是一种对外进行物种防御的有利武器,即人类免于其他物种伤害的意识力量。从这个角度说,正确的婚姻观念就

---

① [英] 边沁:《道德与立法原理导论》,时殷红译,商务印书馆2000年版,第57页。
② [英] 约翰·穆勒:《功用主义》,唐钺译,商务印书馆1957年版,第7页。

显得愈发重要。

　　如果将功利主义伦理观适用于整个人类而不是个体本位，将其仅仅在生存本能角度予以认可而不是将其扩展到生长发展和繁荣完善层次或阶段的话，功利主义学说还能发挥一些积极作用。如果将这种观点适用整体中的具体部门或者众多个体的话，即从整体本位过渡到具体本位、个体本位，同时又认为不但在物质领域，而且在精神领域、文化领域也适用，甚至将其不是作为阶段性的而是持续性的观念予以坚守并渗透到世界各个领域、部门和方面并力图用这种功利观来代替情感观、生态观等更为深层和高级的存在的话，那么个原主义、社会达尔文主义、无底线的恶意竞争、冷漠与嫉恨等就会充斥于实体之中。如果将功利主义全面、全程、全部应用于婚姻领域，以生理冲动谋利的行业就不能禁止、婚姻利益主义思维就不可能消逝，而显性或隐性的婚姻纠纷率乃至高离婚率就不会大幅度降低。婚姻治理与其说是他律为主，毋宁说更主要的是依靠当事人的自律。男人如果能有效节制自己的生理冲动，女性如果能有效节制渴望通过婚姻获取过分财产的心理冲动，那么婚姻风尚就会不断走向新的境界。家庭领域存在的婚姻苦恼、社会领域存在的婚姻不幸、人类领域存在的婚姻折磨，无论其在人类历史出现的频率和程度如何、所呈现的面貌如何，之后所采取的是预防措施、放任措施还是规范措施，是发生在非洲原始部落还是发生于西方发达国家，是发生在男性意识世界中的自我优越感而不愿放弃自身生理特权的对不良婚姻现象的视而不见甚至推波助澜，还是发生于女性意识世界的"通过征服男性而征服世界"的步步为营的利益算计甚至经济盘剥，是出于对自身生殖本能的遵从，还是以此为基地、手段而对生理冲动之外的某种利益的谋求，是出现在战争、瘟疫、自然灾害期间还是出现于和平、健康和国泰民安的历史阶段，婚姻的伦理逻辑都是一直存在的。婚姻伦理逻辑是相互尊重、互相帮助、互相和谐，推动物质文明、精神文明、生态文明的一体进步。婚姻伦理逻辑适用于任何人群、任何地域和任何时期。环境将婚姻自主权交给了个体，个体就对婚姻负起了责任；自然将人生选择权交给了个体，个体就对自己真实而成功的人生负起了责任。这种责任是伦理责任、实体责任、无限责任、终生责任，因为是责任，因为因责任而产生了义务和权利，从而也就成就了事功、幸福乃至境界。婚姻境界是衡量个体、群体、整体文明程度高低的重要指标，因此也是这些主体的重要努力方向。

3. 超过生育期的男女——或者说"老年人"

这部分人虽然从生理上已经超过了生育期，因而不再承担人口的生产任务，但是婚姻生活并未就此止步。在婚姻家庭的主要项目类型中，除了人口生产任务外，其他两个方面的物质生产任务和精神生产任务或者说教育任务仍旧存在。人口生产任务的完成并不意味着完全消灭了爱情。有的是因为离异，有的是因为一方提前离场，有的是从未进入婚姻，这些情况导致了超过生育期爱情的出现。这一部分人群，在爱情领域的活力已经明显降低，所以一般情况下并不引人注目，但是其并非不对婚姻风尚产生影响。老年人对待婚姻的态度、观念和行为，会对子女、邻里、亲朋乃至社会公众的婚姻风尚产生影响，在老龄化社会，这一问题尤其重要。因为对婚姻风尚有影响，所以对老年人而言，同样存在节制的要求。

如果是原来有过婚姻家庭，现在又成为独居老人，那么如果再谈论爱情会引起子女的强烈反响，有的子女同意、有的反对、有的则会尊重独居老人的意见；如果一直没有成家，现在开始进入爱情组建家庭，有关者会支持，无关者会嘻哈，路过者会有意无意地听听故事。社会对这类情形大都抱着同情之理解的态度，既不限制也不提倡，而是尊重当事人的意思自治。这样一来，就给了其他同样超越生理年龄的人以生活的启发，也许可以找个伴侣减轻子女或社会的负担、互相照顾共度余生。他们或她们的行为可能不为外界所知，但必定会为其子女和周围的人知晓、传说和评议。如果老年人在婚姻方面不能成为子女好的榜样而我行我素，那么就很容易埋下子女未来婚姻不幸的种子；因为子女没有从长辈身上看到成功的婚姻经验。超越生育期的男女结合的主要任务是生活上相互照顾,因此一般称为生活伴侣。如果老年人是社会公众人物,那更要考虑对社会所产生的重要影响。因为其行为不仅影响子女、社区,还会拓展到整个行业或社会。

所谓公众人物,就是指在民间传说时代、社会舆论时代、网络媒体时代,所涌现出来的为社会成员中的一部分、大部分或全部所注意、关注甚至在乎的人。严格来说,每个人都是公众人物,因为人作为社会关系的总和,不能完全生活在自身孤立的世界里,其必然要与其他人打交道,久而久之也就产生了对他人的影响或对社会的影响,因此也就在不同程度上成为了公众人物。公众人物概念的出现,一是源于人类倾向于首先关注和了解同类的心理、活动和成果的自然本能,二是人类社会中诸种文化与亚文化依次兴起后开始了对公众人物或名人效应的关注、传说和聚焦。这种首先关注同类的自然本能是一种生存意志的流露,而社会对名人效应的期待则是一种治理模式。真正的公共人物是指为人类这个类群的生存、发展、进步所做出重大贡献因而自然而然受到不同时代、不同地域、不同发展程度的人群所同样尊重的人。这样的公众人物在人类命运共同体中发生,也在人类命运共同体中流传。人类历史的发展是个不断走向更宽阔视野、更多有益项目、更高文明层次的过程,属于人类命运共同体的公众人物能超越局限性而推动人类发展过程的进步。公众人物是名人效应、公众人物是能量聚集、公众人物是方向引导、公众人物是成果建设、公众人物是意识评估、公众人物是文明推力。公众人物未必是人前显圣,但必然是傲里夺尊,以自身的身体修养、才学能力、境界智慧与历史的发展方向保持一致。公众人物是国家符号、公众人物是社会凝视、公众人物是家庭核心,公众人物的婚姻举动对其所影响的范围具有巨大的冲击效应、光晕效应、示范效应,公众人物尤其是婚外已经超过生育期的公众人物在采取婚姻举动时,极易对尚未到生育期和已处于生育期的人员的婚姻心理产生影响。人老为尊。社会充分尊重老年人的婚恋愿望,老年人自身又能将自身行为控制在合理范围内，那么，必将婚姻幸福、家庭和谐、社会进步。

尊老爱幼是传统美德。这是一种相对应的伦理关系。当存在血缘关系时，这种尊老爱幼的行为会自然发生，但是在血缘关系之外，人类就会多一份思忖。老之所以受尊重，不仅仅是因为其年长因此对生命乃至经济社会的发展具有很大贡献从而稳固了现有的人类平台，也不仅仅是老人具有丰富的生活经验和生产知识能够教导或传授给年轻人而使之进步，最主要的还是因为老者通过自己真实而辛苦的一生将自身提升到了"法—礼—义—仁—德—道"的任何一个境界或层次，因而能够在更久远的意义上为人类乃至其他生命形式提供更多的指导、帮助和爱护。这样说并非为了单纯契合人类世俗的求利之心，但其确实是潜意识中的一种重要存在。从伦理学视野看，前两者可以忽略不计，因为每个人的禀赋和经历不一样，尊重差别即尊重人性；但第三者并不过多依赖许多外在条件，而是主要依照自己的主观努力即可实现。因此，如果老者没有能够做到最后一种存在的任何一种境界，那么所受到的尊重往往是仪式化的、表面化的、物质化的，不是出自内心的、深层的和精神的。如果老者已经达到了其中任何一种境界但幼者不予尊重或者幼者对尚未达到这种境界的老者没有一个底线的尊重，那么这样的幼者就有义务接受道德培训。老者与幼者，甚至包括中者，彼此之间不是一种功利主义的交换关系，而是一种共存共在生态主义的实体关系。单凭年龄这一自然规律，年幼者就应该对年长者予以起码的尊重。"人生一世，草木一春"，老者的光辉已经挥发，还在默默地哺育幼者的成长，中者在发挥人生的能量为社会进步添砖加瓦，幼者则是未来的中间力量，三者共同配合一体努力，促进人类航母在星际中穿越。在人类社会发展中，不能忘却人类的初心；在婚姻领域进步上，也不能忘记婚姻的初心；所有的初心给人以正面的引导、给人以对美好未来和幸福婚姻的向往、给人以不断向上的信心和克服苦难的勇气。因此，在婚姻领域，要"尊重初心"。

# 第四章　现代社会婚姻的道德规范

伦理学是关于好的生活与德性的人生的学问，因此也是最需要珍惜和最为宝贵的精神财富。没有伦理道德，人类将失去成长的正确航向，没有伦理道德，社会文明建设将困难重重，没有伦理道德，将无法避免因失德而遭受的内外惩罚，没有伦理道德，将无法企及自然意义世界。现代社会的婚姻道德规范并不能轻而易举发现，更不容易为每个婚姻主体所接受和遵循。作为伦理学重要分支的婚姻伦理，应当遵循科学性、系统性、实用性要求。科学性是指学科所载知识与规律相一致，系统性是指学科知识排列符合人类思维认识方式，实用性是指学科知识能够有效解决社会中的实际问题。借鉴已有婚姻伦理研究成果，通过深入思索，我们发现，现代社会婚姻道德规范主要包括夫妻协作、孝敬父母和爱护子女三个方面。通过对现代婚姻伦理道德规范的遵循，可望实现好的婚姻和德行的婚姻人生，进而达到普遍物的要求，让人成为真正的人或者说"真人"。

## 一、夫妻协作

如果说婚姻的伦理理念是在整体或社会区域进行，那么当我们在讨论婚姻道德的时候，主要是在婚姻内这一领域。婚姻当事人或夫妻之间究竟应当对自己提出怎样的道德要求才能实现婚姻和谐，这就是该部分要重点讨论的问题。

现代社会节奏极其迅捷，各种生活现象层出不穷，同时也使许多婚姻主体来不及思考或并未进行深入思考就径直进入了婚姻生活或在婚姻中开始生活。他们或她们的大部分婚姻知识乃至婚

## 第四章　现代社会婚姻的道德规范

姻道德观念开初主要来源于自己的始源家庭及婚前的种种经历，但在婚后还能自觉思考婚姻规律的人并不很多，除非遇到了婚变袭击、遭遇了婚姻困境，原因在于过分的婚姻自信和繁忙的工作生活。但也反映出另一方面的问题，即对婚姻所投入的思考力度不够。在思考力量的婚姻投入方面，女性比男性一般要多一些，但是女性很不容易从光怪陆离的各种关于婚姻的时髦观点、流行学说以及调侃性评价中找出并确定那些真正符合婚姻规律的知识，而经常是被这些现象推着走。因为女性较之于男性而言，从其本能要求和履行生育职能的天职出发，很容易将婚姻以及婚姻所形成的家庭作一种神圣的期待，所以女性对婚姻知识更感兴趣。但是女性的婚姻思维强项是以直觉思维为主，这样就无法在瞬间清晰分辨代表知性表达形式的种种有关婚姻的戏谑性言语。男性在结婚之后，本能地认为婚姻大事已经完成，上可以对得起列祖列宗，下可以对得起子孙后代，中可以对得起父母亲朋，于是就以此婚姻为基础准备向更高的人生阶梯迈进。这时男性开始思考的多是家庭空间之外即所谓社会中的事项，思考如何保护和供养家庭成员。由于现代社会个体安全、家庭安全、国家安全等事项的执行多由实体所建设的公共力量即保安、警察和军人所保障和完成，所以男性个体就主要将思考任务放置到了供养方面，即为家庭成员提供食物、药品、衣服、住房乃至作为虚拟财富的货币等方面，这也就是为什么经济领域特别受男性青睐的婚姻心理原因。既然是将注意力放到了为家庭提供物质产品的社会共有的经济生活等方面，那么对于夫妻应当如何相处、是否应该尽到拖地板的义务、买菜做饭是否属于丈夫的家庭职责等问题就没有时间足够思考、疏于思考或存在思考漏洞、思考空白。女性有了婚姻家庭，就感觉有了归宿；男性则只有在社会中感觉自己有了一定事业时，才能够心安理得。清醒地认识并弥合这种心理差异，是夫妻协作的关键。夫妻一条心，黄土变成金。"天地絪缊，万物化醇，男女构精，万物化生。"（《易·系辞下》）"二人同心，其利断金；同心之言，其臭如兰。"（《易·系辞上》）

夫妇永结同心、恩爱和谐，则必然幸福美满。

（一）女性："生命之火"

女性生育了男性和女性，将其抚养成人，然后任由男性与女性凭各自运行规律在相应层次或领域去活动。社会、国家、世界都是男女两性活动的现实舞台，只要其子女能在此活动中保持其健康、平安、幸福，女性就会放心，而并没有太多的延伸式联想。由于在家庭之外的空间活动着的男女最初还是来源于女性的生育，所以女性往往首先完成生产和养育任务。然后，既可能主要在家庭中完成各种家庭职责，也可能继续在家庭之外的空间奋斗，或者是在不同时段采取不同的工作重心而将家务和工作交替进行、穿插进行、平行进行。

女性属地、女人爱静。如果从文化意义上解释，这主要是指女性是一种具有强烈空间需求的生命形式。这与其所承担的天职之要求存在必然联系。因为要生产和养育人口，所以必须得有一间房子一处居所及其基本资源，能保障其所负责的人口的基本生活。女性需要空间，所以女性的家外人不能轻易踏入，如果女性允许他人进入自己的家里坐坐，那就是女性已经将其当成了最好的朋友，而任何受约去女性家里坐过的人都应当尊重这份信任、感谢这份情谊、分享这种美好，否则就等于违背自然法则。

对空间以及空间中所存在的物质财富的向往，使得女性不仅成为婚姻促进主体，而且成为促进经济发展的强劲动力。任何一位女性都不希望自己的子女走错道路，而希望自己的子女跟别人的子女一样地好，于是又出现了"孟母三迁"式的启蒙教育和长远的正确人生方向的把握。任何罪犯都会在母亲面前哭泣、忏悔和复归于善，这是万古不变的定律，由此而常常出现"母亲的伟大"和"伟大的母亲"等崇高的词语以及这些词语的无意识流行。可以说，女性同时承担着"生育、经济、教育"三方面的任务，而这些基本上就是迄今为止人类社会活动的主要内容。从婚姻社会学视野透视，可以发现，遍布空间的是一个个平凡而伟大的母亲在各自所需求也是各自所拥有的空间内辛勤而快

第四章　现代社会婚姻的道德规范

乐地哺育着满地乱跑的幼小子女，而长大的子女则在家庭之外的社会舞台上以社会作为拓展版的家庭而努力工作和勤俭生活，并时常与家庭联络或回家看看，待到生命结束之后又回归于家庭。因此一脉一枝的繁荣发展与众多支脉的繁荣昌盛混杂在地球的不同层次的空间，或者在水面、或者在陆地、或者在高山。这些地方陈列着由每家每户的灶火之漫天星光式的组合所形成的熊熊燃烧而不熄灭的火苗不断变化形状所形成的让人感觉温暖的生命之火，这种生命之火是自然之火、是文明之火、是人性之火，因此，古希腊哲人赫拉克利特说："世界只有一个，它是由火产生的，经过一定的时期后又复归于火，永远川流不息。"① 女性就是生命之火。

然而，从另一个角度说，女性的优点也可能成为女性的缺点。如果没有道德调控，就有可能因为生育而陷入对爱情的沉迷，假借生育之名而行取乐之实；就有可能因为关注物质而出现物质主义之嫌；就可能因为启蒙教育而形成母权意识的专断。女性在条件具备时能适当履行自己的天职而不是出于比较心理去过度追求或者采取连自己内心深处都反对的做法去行动，女性就成就了自己的婚姻道德；社会能够为女性提供必备的生育、经济和启蒙教育的条件，同时能有一种令所有成员都能接受和科学有效的婚姻伦理学说，社会就成就了婚姻正义。女性道德与社会正义实际上就是道德与伦理的和谐。女性可以追求其应当所有、女性在任何一个家庭内外的领域均与男性处于平等地位。女性、男性是自然属性，存在着一些生物学意义上的区别，但在社会领域，男工、女工则没有天然区别，任何性别均可选择自己所喜爱的领域开展事业；在文化领域，男女更是平等无贰，都有权利促进自身的精神成长。传统上，社会领域是男性为主的世界，所以女性在进入社会成为职业女性的时候，不免向这个社会所要求的行为特点靠拢，这样的女性被称为"女汉子""铁娘子"。"女汉子"

---

① 周辅成：《西方伦理学名著选辑》（上卷），商务印书馆1964年版，第10页。

"铁娘子"这种对职业女性特别是事业成功女性的称谓,虽带有一点调侃或嘲讽的意味,但并没有放弃对女性本质的尊重和关照。女性需要空间、女性喜欢空间、女性也因此受空间引导、作用和影响,如果能树立明晰的空间感,通过自主学习和社会锻炼等方法自觉超越空间性的摆布和约束,便能更容易理解男性心目中的世界图景。

(二)男性:"家庭守护神"

男性侧重于在家庭之外社会空间活动,但并不是不应照顾家中事务。对于需要耗费体力的诸多家务劳动、维修工作、搬运工作等还多是由男性来完成。男性在婚姻中所发挥的作用主要是安保、供养和引带工作。公共安全有社会保障,但具体到每个小家庭,男性公民还是承担着大量具体的安全保护任务。安全保护工作由事先预防、事中应变和事后总结三个环节组成,涉及保护人员、保护方法、保护效果等方面的内容。安全保护所要防治的对象主要是自然危险、人的危险和物的危险三类。

自然危险源于自然灾害,如果能够实现预见并采取有力措施可以避免,否则就很容易受到伤害,例如地震火灾、冰雹泥石流、流行性疾病污染的井水等;人的危险主要表现为来源于人类社会中不良现象的某种伤害,例如非正义的侵略战争导致家破人亡、犯罪分子的暴力袭击导致身体受损、误中圈套而导致财产尽失等,其所发生的后果往往体现在三个方面,即身体受伤、财产受损、心理重创;物的危险是主要表现为来源于天然物、人工物、加工物的危险,例如被公园里的老虎咬坏、被高速交通运输工具事故所伤、在使用人工智能等机器的时候因操作不慎而弄伤了手指等,所造成的伤害也包括严重伤害、轻微伤害和疾病伤害等后果。由于源于自然、社会、物类等可能的危险无处不在、随时可能发生,具有多元性、潜伏性、突然性、偶然性、创伤性,所以需要时刻警惕。杞人忧天与草木皆兵作为两个极端固然应当避免,但"小心谨慎"则非常需要。小心谨慎的要求是:一要有足够的安全知识;二要有足够的救助能力;三要有足够的保护

## 第四章 现代社会婚姻的道德规范

信心，而这三个方面均需要学习、锻炼、培养才能形成。没有安全意识的人不多，但是精通安全防护的人很少。作为男性公民，从原始社会的随父打猎，到近代社会的远洋冒险，再到现代社会的太空探索，无一不是提升人类安全知识、安全本领、安全意志的重要训练。人类很多受伤事故的发生源于粗心大意，对危险视而不见充耳不闻，将很多安全规则抛置脑后我行我素恣意妄为，这不但在危险环境中会导致严重后果，即使在平安环境中也会引祸上身。

作为男性公民，无论在平常时刻还是特殊时刻，均要从内心深处绷紧安全之弦，用意识之光照护住所有家庭成员，并用眼观六路、耳听八方的高度注意的待发状态准备随时应对可能出现的种种危险，以确保配偶与家人的安全。可以将这种关爱概括为"侠客精神"。男性要做好家庭成员的侠客，做好正当保护、正当防卫，而不是错误保护、挑唆防卫。男性就其本能来说，具有斗争特质，这既表现于捕猎、也表现于斗智斗勇甚至战争。当斗争指向肆虐的洪水或高危度的流行性疾病时、当斗争为了人类利益合理合法进行时、当斗争是为了维护伦理道德等公共利益而拼搏时，我们从中看到了斗争的开拓性、保护性和光明性，也认识到了这种源于男性本能的斗争的正态价值。但如果斗争发生于偷猎野生动物、因赌博输钱而大打出手、因互相斗气而进行无谓竞争等场合的时候，那就不能说这种斗争还具有正态价值。同样是一把剑，关键看人怎么用。"善用"会使得文明程度越来越高，"恶用"必然将人类推向地狱。丈夫和父亲在保护家庭成员的过程中，如果进行不恰当的炫耀、示威或攻击，就属于对斗争性本能的"恶用"，其结果，不但不能在配偶与家人面前展示男性的英雄风采，反而会使家庭文明程度降低。

男性本能的斗争性除了用来保护物种的存在之外，还有一个作用，就是发展物质生产。生产本质上也是一种征服型运动。在所有以力量见长的生产领域，男性公民均做出了巨大的贡献。就婚姻而言，未必每个男性都有机会、有必要、有能力去参加所有的行业的生产，但只要能将自身所从事的事情做好就已经足够。社会舞台是男人展现风姿的地方，因此很多男性在这里开创事业、协商规则、获取利益，每个男性都希望有在社会舞台一展宏图的机会，这是深藏于男性这种生命形式内心深处的梦想，名誉、利益和地位等是历史形成的激励男性公民奋斗的动因，也常常成为他们奋斗的具体目标。男性通过努力获得在社会中的承认，构造出自己的事业范围，如果男性肯于与他人分享自己的事业技能，那就表明该男性已经将此人当成了要好的朋友。

男性本能上具有斗争性、征服性、竞争性，并不意味着在女性本能中不存在这种元素，也并不意味着所有的男性都具有这种性质。因为社会中不仅存在竞争性的一面，还存在着相互帮助、相互提携、相互理解的合作性的一面，还有超越竞争性与合作性的作为基础性或概括性存在的和谐性一面。男性同样对子女具有教育义务，其教育方式比较直接，不像女性那样委婉，其教育内容多与生产技能、社会知识有关，而不仅仅是关注家庭的亲戚脉络关系。保护、供养、教育是男性在婚姻中所承担的神圣职责，合理、合法、合乎"逻各斯"地去行使而不违背底线要求，那就等于在照顾自己婚姻的同时也在照顾其他人的婚姻，因而也就等于为社会公共利益作贡献或维护社会平台的正常运行，因此就会受到社会的接受、认可和尊重，如果仅仅是为了自己的婚姻而毁坏整个社会平台的运行秩序，或以为婚姻家庭提供供养服务为由而中间截流所获得的社会物质资源用于自身不合理欲望的任意挥霍，或刻意隐瞒所获得的财产数量在婚姻中抽逃资金，那就意味着是对自身婚姻的背叛，同时也意味着对社会文明的背叛。对挑战社会文明的行为，法律会知道、伦理会知道，最重要的是当事人"自己知道"。坦诚是婚姻生活中非常重要的品质，也是社会实体得以正常运行的道德保障；婚姻及其他事项上的任何人为的计谋或出于本能的机心，都是对周围人及其所在环境的实质伤害，因而也是在增添社会中的恶的数量，从伦理道德上所获得的是否定性评价，从现实世界看则获取毁灭性命运。婚姻是真诚的、婚姻是神圣的、婚姻是温暖的、婚姻是美好的、婚姻是光明的，任何亵渎婚姻属性的行为都会导致恶果，而任何保护婚姻属性的行为都会有助于成就家庭、成就事业、成就未来。

（三）超越亚当、夏娃的局限："远见"

男女两性是自然属性的反映，从另一个角度说也是男女两性应当承当的伦理义务。但无论男性或女性，在现代社会男女平等的文化背景之下，都应当保持并且超越简单的性别意识，在婚姻事务中无须再有什么封建时代的哪些家务需要女的做、哪些家务需要男的做的刻板分工，而在社会领域中的事业方面也往往是男女并进，共击浪遏飞舟，起锚远行，直挂云帆济沧海。在现代社会，应当将"男尊女卑"的意思更多理解为一种自然的形体属性、心理属性，而不是社会等级意义上的属性。从形体来看，一般男性要比女性高大一些，从心理属性看，男人的心理喜欢俯瞰，女人的心理喜欢仰视，但这并不能导出男子比女子优越的结论，等价观念在现代婚姻中是不存在的，所存在的应当是平等互助、协作共进。在婚姻内外以及其他相关事务中，要有一个粗线条的计划安排，同时要有弹性的运行机制，还要有与时俱进的坚定决心。婚姻是终身的事业，事业是终身的婚姻，在婚姻领域，"培植以德"，则无往而不利。如果要进行正确的男女协作，需要"远见"道德意识协助才能完成。

远见之一：婚姻是一生一世的事业。

当我们观察现代婚姻生活时，发现其最主要的特点之一是离婚率高。男女双方可以任何一种社会所允许的理由选择离婚，离婚成了像吃快餐一样简单的事情。究其原因，主要在三个方面。第一方面是生产力水平提高了，女人离开男人、男人离开女人照样能够独立地生活，所以两性之间结合在一起共同谋生的必要性和冲动力降低了。在这种情况下，鼓励了男女双方"一言不合即离婚"的勇气，因为男女个体都认为自己离开对方也能活甚至活得更好。第二个方面是社会风尚的影响。如果一个社会中的文化风尚对婚姻采取置之不理的态度，那么婚姻风尚就会自发地演变，最后蜕变到本能的境地。婚姻风尚可以分为神圣型、低俗型、混杂型，社会对婚姻风尚所做的选择、培育和弘扬，直接关系到婚姻风尚受众的心理认识和行为模式。作为一个独立的个体，诞生于既定的社会，就难免不受社会婚姻文化的影响，甚至成为既定社会婚姻文化的实践者、表征者和代言人。第三个方面是个体意识的选择。个体意识是最根本的原因，它可以通过自身的努力超越所在时空的局限。个体意识是基因、经历、教育等因素综合作用的结果，在某一时刻或时期会呈现某种不同的状态，而这种在当下正在呈现的状态就是准备发挥作用的个体意识形态。个体意识可以自我调节、自我控制和自我管理。自我对个体意识形态的管理是最重要的因素。现代社会离婚自由度高涨的情形，可以通过生产力水平、社会对婚姻风尚的选择等方面予以调整，但这些方面属于客观性的环境存在，并不会因为个别性的主观愿望的改变而改变，所以比较容易契入的突破口乃是作为主体的个体意识。

如果要从个体意识分析，那么可以说最需要努力的，就是要把婚姻当成一生一世的事情去看待，而不是看作临时的合伙或者激情的媾和。为什么人们改变自己的某些意识或观点非常难？因为所谓的意识或观点乃是个体心灵中潜意识部分自觉的先前的努力的结果。因此，对"婚姻是一生一世的事情"意识的介绍、普及和推广则需要个体获得相应的自我启示，否则没有办法让人自觉地接受、履行和坚持这一原则。那么个体意识中对"短期婚姻"的默认究竟是什么因素造成的呢？恐怕还是容忍程度降低所致。那么容忍程度降低又是为何？主要与自我意识的突出有关。自我意识是现代社会所赖以激发人的积极性和创造性的主要概念术语之一，自我意识突出是现代社会的符号，由此社会符号所引发的诸多观念、观点和思维成果也不足为怪，而且在某种意义上还具有积极作用，只要自我意识所激发的力量在个体潜力所允许的范围之内。如果自我意识所激发的力量超过了个体潜力，就会对个体的健康带来伤害，从而使所激发力量所形成的实际效果大打折扣。如果所有个体的自我意识所激发的力量均超过了自身潜力的承受程度或自身潜力的允许范围，那么就会在"群"中或"共同体"中产生名噪一时的虚假繁荣和过度发展，当所有这些所激发的力量浪潮平复之后，那么整个群或共同体也会跟着陷于沉寂或恢复到正常发展的状态。由于自我意识的过度激发所形成的癫狂状态不能持久，所以对于个体意识必须有一个适度激发、适度鼓励、适度保护的问题，而"远见"就是针对婚姻中的"短见""近视"现象所提出的"中和"性的观念利器。远见要求男女双方将婚姻看成是一生一世的事业，而不是临时组合或搭帮合伙；中途退场虽然基于许多现实的原因，但还是以尽量不退场为好。因为人类社会在婚姻文化方面整体来看是鼓励结婚的，禁欲或避婚不是社会主流，生活于鼓励婚姻的文化氛围中的个体，如果形单影只，会产生严重的心理失落、心理孤独和心理虚无。所以，中国自古以来就不愿意社会中存在怨女、旷夫，鼓励成婚，让每个人享有婚姻的权利和承担婚姻义务。为了不在婚姻旅程中中途退伙，就需要正确看待和处理婚姻中的争斗。

远见之二：婚姻中的争斗应当有效化解。

现代启蒙运动导致个体意识的觉醒，这是生产力发展的必然结果，同时也是由于文化领域的自然引领。个体意识解放极大地调动了个体的生产积极性、生活积极性和生存积极性，同也形成了以个体为单元的社会竞争态势。一般而言，可以将范围分为自然产品范围、公共产品范围、私人产品范围三类，在这三个领域内，只要不出现关乎到生存、生活、生长的利益问题，一般就不会有竞争，而是处于相安无事、没有关联的两种状态中的一种。如果出现利益问题，那么就会存在不同程度的竞争。表象化的合作是为了获得这种合作掩盖下的利益，而这种利益主体可以是群体、团体或个体。在存在竞争的场合，如果没有相应的用于保护超越竞争主体利益而作为竞争舞台存在的公共利益、公共秩序、公共正义的规范手段的话，那么就极易发生机诈的动物式竞争，使社会陷入霍布斯所描述的"狼—狼状态"。

霍布斯理论上所阐释的"狼—狼状态"并非仅仅应当进行时代性的理解，或者说仅仅将其作为一个历时性的概念图景看待，而毋宁说它同时揭示了一个跨时空存在的可能现象，区别在于体现的范围、体现的力度、体现的方式有所区别，因为人的结构、人的习性中具有某些共同的相对稳定的东西。霍布斯说，"自然使人在身心两方面的能力都十分平等"①，"由这种能力出发，就产生达到目的的希望的平等"②，"任何两个人如果想取得同一东西而又不能同时享用时，彼此就会成为仇敌"。③ 在人类的天性中，有三种造成争斗的主要原因存在，第一是竞争，第二是猜疑，第三是荣誉。它们所对应的目的分别是求利益、求安全、求名誉。人们互相疑惧，自保之道就是先发制人，用武力或机诈来控制一切他能控制的人，直到他看到没有其他力量足以危害他为止。这样一来，"在没有一个共同权力使大家慑服的时候，人们便处在所谓的战争状态之下"。④ "这种战争是每一个人对每个人的战争。"⑤ 在这种自然状态下，以"信守和平"为核心的所有自然法则无法实施，于是其总结出15条自然法则建议遵守以获得"和平"。霍布斯之所以认为人们应当遵守自然法、探求自然法，是他不相信人的激情、欲望与好恶，因为"不同的人非但是在味觉、嗅觉、听觉、触觉和视觉的判断中好恶不同，而且对共同生活的行为是否合理的判断也彼此迥异。甚至一个人在不同的时候也是前后不一样的。在一个时候贬斥而称之为恶的，在另一个时候就可能赞扬而称之为善"。⑥ 这样多变的情形无法保障群体生活的和平，而这一点，正是霍布斯所最担忧的。虽然霍布斯看到的人性主要还是人的习性，甚至说是那个特

---

① ［英］霍布斯：《利维坦》，商务印书馆1985年版，第92页。
② ［英］霍布斯：《利维坦》，商务印书馆1985年版，第93页。
③ ［英］霍布斯：《利维坦》，商务印书馆1985年版，第93页。
④ ［英］霍布斯：《利维坦》，商务印书馆1985年版，第94页。
⑤ ［英］霍布斯：《利维坦》，商务印书馆1985年版，第94页。
⑥ ［英］霍布斯：《利维坦》，商务印书馆1985年版，第121页。

定时空的习性，但这些习性确实有其存在的真实性，因此，霍布斯的担忧并非没有道理。他的背景意识是，再差劲的主权者也比没有强，如果人类整天竞争、论争、战争，甚至血流漂杵，那就等于崩溃解体，世界就会变成大地狱。在婚姻领域，如果出现"狼—狼状态"，那么就等于将婚姻变成了"炼狱"。

"狼—狼状态"需要规范。规范手段包括法律、伦理、宗教等方法。法律对社会舞台内的所有主体均有约束力；伦理对信仰伦理道德的善良人有约束力，对"一阐提"及不相信伦理道德的人不起约束作用；宗教也是对那些相信真正宗教的人起约束作用，对于那些不相信宗教或误把非宗教当宗教的人来说，也产生不了真正的约束力。真正的规范是导引人向善，不能导引人向善的规范不是真正意义上的规范。比较而言，三种管理规范或治理手段的特点不一样，法律具有强制性、伦理具有说理性、宗教具有启示性。现代社会，法律手段更加受到重视。

对婚姻中所存在的矛盾或事项，需要调整性规范发挥作用。婚姻主要通过法律来调整，但对于婚姻内的伦理调整以及家庭中是否存在宗教调整因素而往往没有顾及或无力深入，因此在调整范围上还存在着很大的空白。法律治理之外的婚姻领域中的诸事项、诸活动、诸行为则交由婚姻当事人的意思自治。如果婚姻当事人之间并没有形成共同的或相似的伦理意见，也不存在对婚姻领域宗教调控因素或者不存在宗教信仰，那么就等于将这个法律所能够调整之外的空白领域交给了婚姻主体个体的自由意志。法律虽然力图对婚姻进行全方位的深入调整，但是由于其作为调控手段本身所拥有的局限性而无法实现预期效果，甚至有时候反而刺激了法律所不希望的现象的发生。婚姻法为私法调整，而私法的主要精神是保护个体权利，而婚姻是一个共同体，在婚姻里必须得有放弃个体权利的情形存在，否则仅仅知道主张个体权利无限张扬个性而将对方逼仄到狭隘的行为角落、言语角落、心理角落，就会引起社会的不满和对方的反弹，甚至会发生对方离婚而去的糟糕事件，最后受伤的既是逼迫人也是被逼迫人，甚至还包括老人和孩子。

　　由于没有将婚姻当成共体看待、因为没有将婚姻当成实体看待、因为没有将婚姻当成"我们"而只是当成"你—我"看待，由于在婚姻中只是强调权利而忽视义务、只知道索取而不肯奉献、只懂得享受而不知劳动、只知道自尊而不尊重对方，因为在婚姻中只看形貌不看品德、只看金钱不看情感、只看争吵不看和谐、只看缺点不看优点、只看分别不看统一，因为在婚姻中只看今天不看明天、只看表象不看实质、只看习性不看本性、只有激情而无理性，所以作为婚姻主体的男女双方甚至夫妻之间就会出现"争执状态"。而要有效克服这种状态，婚姻主体必须各自从道德意识上进行自我提升，避免争执状态出现的意识原因。

　　世界是矛盾的，又是统一的，矛盾不可避免，但要学会化解。只有化解，斗争才能成为推动婚姻螺旋式上升而不是螺旋式下降的力量，也才能有效促进婚姻及家庭的进步。婚姻和谐是永远的婚姻目标，婚姻中一旦因为意识或意志原因而出现了矛盾，应想方设法将矛盾消解，而不是由着其发展。矛盾的产生一方面源于自然的时空规律，另一方面也源于人类对这些矛盾产生原因缺乏深透把握和领悟。战斗力人人具备，也没有哪一个人真正地可以被软弱至死，因为关键的问题是，内心深处不能失去对人类的基本关爱、对本心的坚守，这份坚守会使人丧失许多的现实利益和现实机会，但是这份坚守却也维护了人类这个"物群"的存在，同时成就了个体的道德境界。"得失寸心知"。当一方坚持这种仁爱之德时，另一方不能滥用这种仁爱或宽容兴风作浪、不可一世，否则，在伦理的天平上或意义世界里，必然要受到严惩，而这种严惩会折射到现象世界，变成其自我惩罚模式。没有什么力量惩罚人，人是自我惩罚。

　　婚姻领域是夫妻关系，放大来看，也是人与人的相处关系。人跟人不相处，不能生育、不能合作、不能生产、不能形成文明，而相互中不但会有一致的一面，还会有冲突的一面。伦理要做的是正视一致和冲突，并在一致和冲突中发现能够和谐相处的那条路，即和谐相处中的"中庸之道"。但伦理并不仅仅限于此，在处理好现象界诸层面内外的关系后，最终要引导人类走向共同善、走向至善。婚姻中也是如此，婚姻并不单单局限于现象界或仅仅是现象界的某一层面或某一维度，而是一个全方位、复结构、多维度的动态的充满无穷能量的生命球体。没有男女双方的仁爱，婚姻不可能存活；画皮式的婚姻、面具式的婚姻、表演式的婚姻不是婚姻；婚姻一旦成为道具而不是目的本身，婚姻就会离人类越来越远。

因为人类具有意志自由，所以可以通过这个意志自由自觉提升婚姻道德水平，而不是仅仅将此自由意志当作探索自然进行生产以及其他诸种活动的平台和依据。自由意志给婚姻伦理带来了困惑，这种困惑还要通过自由意志予以解决。自由意志是人的属性，但仅仅是属性之一，而且不是根本，没有自由意志，就没有兴趣、没有活动、没有精彩，但仅有自由意志，就会在兴趣后失趣、在活动后冷清、在精彩后衰微。自由意志创造了现象世界，但应当通过自由意志找到超越现象世界的大门。当现象学巡视结束以后，应该体会到本体界的存在和意义，否则，仅仅在婚姻中谈论自由意志、向往自由意志、粘连自由意志、停顿于自由意志，那就不能达到婚姻的统一性、同一性、共同善、普遍物。

学会伦理地、法律地乃至文化地化解婚姻生活中必然要出现的这样或那样的矛盾，既是一种信心，也是一种决心，更是一种恒心，最后则必然要归结到"仁"心。"仁者无敌。"在婚姻中要学会让步、学会聆听、学会沉默、学会低头、学会宽容、学会欣赏——"上善若水。水善：利万物而不争，处众人之所恶，故几于道。居善地，心善渊，与善仁，言善信，正善治，事善能，动善时。夫唯不争，故无尤。"（《道德经·第八章》）——要善于在婚姻中谦卑容让，保持诚恳、厚道、谦逊、勤奋等美德。如果男女双方均不让步、针锋相对，那就会势同水火、矛盾升级、直至分崩离析。谦和与容让是夫妻相处时和化解矛盾时特别需要注意运用的美德。

远见之三：婚姻是通往意义世界的重要路径。

人总是要死的，因此，关键的问题是——"怎么活？"是由于"畏死"故而陷入人生虚无主义的泥潭，还是"好好活"为人类文明的奠基、建设和发展添砖加瓦？这是每个人、每个婚姻主体都不得不思考的人生问题，我们的认识是："珍惜生命，好好活。"珍惜生命是要爱惜自身，不允许伤害自身和伤害他人，好好活是通向活得好的必经路径。"活得好"意指意义世界得到提升，而不只是局限于世俗世界的幸福。世俗世界的幸福固然重要，但因其不具有本体性，因此世俗幸福是一种过程，而人生所看重的是结果。这个结果存在于价值世界。价值世界一视同仁、公平无私，视每个人、每个婚姻、每个家庭都是平等的，所赋予的权利与义务也是一样的，在评判标准上也是同一的。世俗幸福与意义世界并非正相关关系，但应努力使其变成正相关关系。以世俗世界否定意义世界与以意义世界否定世界一样，都没有做到"择其两端而用中"。世俗世界应当以价值世界为希望、追求和目标，价值世界应当世俗世界为途径、手段和中介，表里如一、以里带表，必然能够实现"由富及仁"的世界和美好的婚姻生活。

美好婚姻生活的愿望有没有现实性的挑战呢？对美好婚姻生活的影响因素很多，其中最大挑战的是夫妻对生殖欲望本能所持有的态度。是放任、禁止、还是随波逐流？这个问题厘不清，意义世界就无法企及。在地球生物圈的动物系列中，基本上都是雌雄异体，而且唯有通过两性的共同合作才能繁衍新的生命。在没有思维只有冲动的动物世界，两性关系的处理方法非常简单，最强壮的雄性动物经过角斗占据了领地与领地上的雌性，也有一些物种坚持一雄一雌制和配偶终身制。人类作为高级生命形式，不能摆脱原始的动物性，也只有通过动物性的活动形式才能存续发展，但是人类同时创造了自己的文化，这就使得人类拥有了文化性。文化性意指人类不再完全听命于自然冲动的摆布，而是使用自己的理智力量去疏导、控制或放任某些天然行为，并利用文化来建立制度、发展科学、开展生产，于是就出现了人类文明、人类文明制度、人类文明成果。就人类男女关系而言，在文化性与动物性关系的处理上，目前基本上是以对动物性的调整为基调，而同时使用殊途同归的两种方法，一种是通过放任而进行救赎，另一种是通过限制而实施教化。生存于既定环境的人类个体往往在对这些处理方法不假思索或者无暇认知的情况下，就依照各自所在的"文化场域"自发行动，从而形成人类两性关系的不同场景并承担其中的喜怒哀乐。所发生的极端后果是，教化限定的相对型的文化设计使男女关系势同水火，放任自流的相融型的文化设计使男女关系陷于杂乱。超越两者的办法是使男女两性的关系进入"敬畏状态"。

敬畏状态源于人类存续的需要。人类之初，面临着种种生存困境，生存困境主要来源于自然灾害、群落博弈和身体疾病。自然灾害主要表现为天气变化、地质灾害和和物种侵袭，群落博弈主要表现为地盘争夺、食物追求和种族繁衍，身体疾病主要表现为遗传疾病、流行疾病和死亡疾病。这些生存困境的存在迫使具有生存本能的人类开始种种思考、探索和尝试，从对自然规律的沉思到生产领域的拓展，从对群组管理的规划到个体生存体质的提升，从对图腾崇拜的设置到医药技术的探寻，无不是人类的"生存努力"。在这些生存努力之中，通过增加繁殖数量而对抗人类在生存过程中的自然减员，是比较根本和深刻的一种方法。原始人群或初始人群对于两性关系实际上是处于一种敬畏状态。

敬畏状态由三种精神观念所组成。它们分别是崇拜、义务和感恩。由于"精神就是意识与意志的自在自为的统一"，因此，可以说，崇拜精神包括崇拜意识、崇拜制度和崇拜活动，义务精神包括义务意识、义务制度、义务活动，感恩精神包括感恩意识、感恩制度、感恩活动。崇拜精神的主要内容是生殖崇拜，通过生殖崇拜希望拥有更多更好的子孙后代，从而能够保障人类发展的基本基数，崇拜精神给处于繁殖期的两性带来的是义务要求，即能够为人类添丁进口，是一件需要两性通力合作完成的重要人生使命；如果不能很好地履行这项义务，则等于没有完成对人类存在的基本贡献。当这种义务完成之后,就会出现感恩精神。人类认为生殖实践的完成不仅仅是自身的贡献,同时还有某种支配生育的神秘力量的积极作用,于是就开始感恩,感谢这种力量给人类带来血脉绵延。现实世界"生殖崇拜、生殖实践和生殖感恩"带来的伦理影响是,鼓励处于生殖期的两性的相互关系健康发展,生育越来越多的人类后代。两性在生殖实践领域天然分工不同,女性是孕育生命的舞台和生命生产的承载,男性则负责为生命出生和发展提供安全、食物、技能等诸种需要。基于这种认识,加上纯化氏族血脉的本能要求,就自然形成了严格的两性关系制度,并通过种种礼仪方式来突出和强化"两性关系严格制度"意识。

敬畏状态能有效避免无根据遐想。现代社会人类对两性关系经常进行遐想,但是却无法使用抽象力量找到其中的真谛,而以"俗谛"对"俗谛",在想象中为非合理性辩护、在现实中浑浑噩噩。认为初民时期两性关系非常自由和随便,这并没有现实根据,单单依靠不多的现存原始部落的婚姻习俗去推测,所能得出的也许仅仅是描述性结论;认为地球上存在着那种不管一切的本能性的无限制的男女交往状态并将其当作男女交往常态,乃是一种以偏概全的主观识见或"片面凝视"。如果要对两性关系进行哲学思考,那么就应当穿越时空界限,沉思具体家庭、氏族、部落、地区、国家、世界的婚姻状况,然后分析作为婚姻基础的两性关系特色,通过对它们进行平面比较找寻共性与个性,通过对它们进行立体逻辑分析钩沉内在变化规律,发现其中的客观真实情况。如此,才能实现从实践到理论、再从理论到实践的辩证发展,才能真切体会历史上和地域上两性关系的纯洁性、神圣性和严格性,才能避免"以今测古"或"以此测彼"的心理暗示或意识虚构,才能避免"俗化"祖先和"兽化"世界的当代道德悲剧,以重现两性关系上的理性光辉、神圣之路和应然境界。

人类婚姻史专家 E. A. 韦斯特马克说:"在对所有那些被认为是生活在乱交状态中的民族情况进行详细考证以后,我得到的

## 第四章　现代社会婚姻的道德规范

结论是，很难找到比那些记载更不可靠的资料了。其中，有的仅仅是理论家们的曲解，如性欲放纵、频繁分居、一妻多夫、群婚或其类似形式，或者没有婚姻礼仪、或者没有'结婚'这个词，或者是基于那些已被证明完全不可靠的资料。况且，没有任何一种记载能够称得上是权威性的，乃至使人可以相信乱交在任何情况下都有存在的可能。在目前或不久以前，没有哪一个未开化的民族生活在乱交状态，这是显而易见的。这一事实，已足以使那些古典作者或中世纪作者在其简单而又含糊的报告中所提到的关于乱交一度盛行于任何民族的推测，全部发生动摇。……而且，即使我们有理由相信，确实有少数几个民族真的过着乱交生活；如果贸然地就拿这些极其个别的情况作为根据去断言：乱交曾经是整个人类所经历过的一个发展阶段，那也是非常错误的。实际上，没有任何理由可以使我们确信：这类所谓的'乱交'乃是人类原始境况的一种残余，或是社会处于蒙昧状态的一个标志。许多处于社会发展低级阶段的未开化的民族，在两性关系上绝不是最接近于'乱交'的民族。"① 俄国哲学家别尔嘉耶夫说："男人和女人结合的目的和意义不在于种族，也不在于社会，而在于个性，在于个性对生命的完满和完整性，对永恒的追求。就是在心理上也应该承认，婚姻的性结合的目的和意义在于生殖和种族繁衍，这个学说是不正确的。事实上，谁也没有为了这个目的而结婚，或者只是伪善地向社会日常性说，他是为了这个目的才结婚的。人们结婚是由于不可克服的相互爱慕，因为他们相爱着，相互钟情，因为他们渴望和所爱的人结合，当然人们有时也是由于利益的原因而结合。但是，谁也不是专门为了生育而追求生理上的性结合。这是意识的杜撰。叔本华断定，种族的天才把体验着性欲幻想的个性变成自己的工具，并嘲笑它，在这个论断上，叔本华是正确的。但无论如何不能反过来说。实际上，认为

---

① ［芬兰］E.A.韦斯特马克：《人类婚姻史》（第一卷），李彬、李毅夫、欧阳觉亚、刘宇、李坚尚译，商务印书馆2015年版，第120页。

婚姻的价值和意义在于生育和种族繁衍的学说应该承认男女关系上的性爱，从低级的性吸引到最高形式的爱情，都是幻想和自欺。因此，这样的学说有意识地站到了种族天才的一边，并发现道德真理就在于，个性成了种族利益的玩物。没有叔本华的辛辣的讽刺也能够证明这一点。这是因为，关于爱的意义问题甚至还没有提出来。伦理学不但应该提出这个问题，而且还要解决它，承认爱的意义在个性里，而不在种族里。"①

对人类的婚姻行为有一个正确的了解、认识和把握，同时并不将婚姻本身当成终极目的，而是将其当成趋向完满性、整体性和永恒性的人格的意义世界的过程，有助于成为"世界之中的存在"②并由此复归于"在"本身。

## 二、孝敬父母

世界上只要有两个以上的人存在，相互间就有一个伦理道德关系需要处理。在作为婚姻成果的家庭中，最重要的伦理关系就是父母与子女之间的关系。但是为什么要做到"父慈子孝"、尤其是为什么要孝敬父母，却没有深入的诠释。我们认为，孝敬父母有其自然原因、社会原因和文化原因。

（一）"天、地、君、亲、师"

从自然原因看，"天、地、君、亲、师"是一个自然序列，有了大自然才有了地球，有了地球才有国度，而有了国度才有家庭，而个体则出生于家庭之中，然后通过老师的教育来获得为人的本领。这种依次诞生、逐项承载的时间序列无法改变，乃是一种自然规律的反映。所以，作为个体对这五者应当进行尊敬，这是一种返本复元的意识，同时也是个体的一种本能。其中对于

---

① ［俄］别尔嘉耶夫：《论人的使命》，张百春译，学林出版社2000年版，第313页。
② ［德］马丁·海德格尔：《存在与时间》，陈嘉映、王庆节译，三联书店2006年版，第61页。

## 第四章 现代社会婚姻的道德规范

"亲"敬重是尤为重要的,因为个体的成长周期、成长区域、成长活动,乃至成长目标的实现,主要是在家庭中或在家庭的帮助下完成,也因此将父母对子女的爱称为世界上最无私的爱。那么子女为什么要孝敬老人呢?如果从自然原因进行解释的话,就是年轻人比老人拥有更好的身体、精力和活力。

人在进入老年阶段以后,随着生命力的日渐衰弱,身体、精神、活动等方面都会产生很大的变化,身体不自主、精神不清晰、活动不自由相伴而来。老人出现这些问题,并不能证明老人的心已经老去。身体与意识是两种不同的存在,当身体遵循物理规律依次发生"生、长、病、老"等变化的时候,意识作为心灵性存在仍旧保持着自己的自由性,仍旧希望"成长在路上",仍旧希望自己不断地成长。当发现意识"希望不断成长的愿望"和身体"越来越严重的不能自主性"发生矛盾而且这个鸿沟越来越大的时候,自我就会出现懊恼感、无奈感和烦恼感,就会感觉世界离他越来越远,而社会与他也在逐渐减少联系,这时候就会感觉越来越孤独、越来越无助。在这种情况下,自然就需要对自己的尊敬、照顾和赡养。

尊敬是为了使老人仍旧能保持年轻人时代的尊严感,通过不断重复叙述其过去的功绩而使其心情处于愉快境地、通过照顾其要求参加的各种各样的活动而使其能够尽量多地与社会保持联系、通过供养食物而使得老人的身体尽量保持健康状态。同子女的年轻相比,父母现在已经处于相对衰弱的时期,因此父母也处于敏感状态,可能会因为一点照顾不周而心中疑惑、不快或者发火,但这只是表象,内在则云是"老人对生命的抗争"。子女应当通过表面现象看到内在的深刻道理,迅速地改变不对的做法,以使老人恢复对生活的关照、兴趣和信心。每个人都会做父母、每个人都会逐渐老去,每个人在年老体衰的时候也需要子女的照顾,这是一种人生的自然规律。所以,孝敬父母,尤其是孝敬已经年迈的父母乃是遵循自然规律的必然要求,并不是什么惊天动地、移山填海的大功德、大善行,而只是一种"真"行为不是

"假"行为，是需要每个个体去做而每个个体也必然会做的基于人生规律的行为。

这种子女对父母的照顾，不同于父母对子女的抚养。每个人都是在父母的怀抱里长大的，也是在父母的呵护下成长的，但这时的呵护是有周期的、是向上的，"三年免于怀""五岁入学堂""长大成人做新娘（新郎）"，成长的时间表是预定的也是确定的，成长的目标是美好的、向上的、可期盼的，因此父母呵护子女总是笑盈盈的、心中充满了欢喜，因为父母和子女一样都是为了"生长"，所以对应此阶段的情感主流是"喜"。而等到老年将至，对什么时候变老有个预期，一般与年龄相应，但具体到个体性的父母而言，究竟哪一天开始，父母会突然开始变老，却没有一个科学而明确的估计，而且男女两性的衰老时间表也不一致，所以说需要子女的密切注意，同时老人什么时候走向生命的终点，也不知晓，所以就一直处于这种衰落感所带来的紧张、焦虑、努力防范和密切关注之中，因此主导这一时期的主要情绪是"愁"。

一般而言，"喜、乐、忧、愁"分别对应着人的童年、青年、中年和老年，它们分别是这些时期的主导情绪。父母呵护儿童是一种喜悦体验，而子女孝敬父母往往伴随着内心的忧愁。但父母与子女年龄差距并不固定，一般是20年一代人，而且所在家庭未必是核心家庭，也可能是三代或三代以上居住在一起的拓展家庭。不同年龄段的家庭成员处于不同的主导情绪的控制中，家庭中又是各个年龄段的人都有，所以家庭中就同时存在着不同主导情感及其随机切换，这就形成了家庭中的情感交响曲或者生活场景。了解了这些主导情绪或生活场景，就能够用心去关注每一个家庭成员，尤其是孝敬好老人。老人或父母是家庭的过去，也是现在，更是未来，家庭是否和谐，关键在于是否能够照顾好家庭中的老人。

孝敬老人既然是作为一个道德规范来出现，那么必然存在着一个个体意识。道德是个体的。家庭成员中个体意识是遵循下列规律变化的:"我"的使用是个体意识的开端。将个体从实体或整体中剥离出来是通过三大蜕变实现的,家庭蜕变、社群蜕变、自然蜕变;在家庭蜕变中,个体力图摆脱家庭实体的亲情关系,形成了自我理性意识;在社群蜕变中,个体将自己从社会中孤立出来,形成了自我角色意识;在自然蜕变中,个体从自然中脱离出来,使自己认识到自己是不同于其他物体的一种独特存在,形成了自我独立意识。严格来说,这三种蜕变或脱离实际上是一种主观意识,它并不符合客观现实。个体的人无论多么强大或弱小,总有承载它的一片空间,无论这个空间是动还是静、是大还是小、是好还是坏,个体首先具有自然性、是一种自然存在;另外,个体还具有社会性,是需要在群体里成长发展的生命类型,须臾也不可能脱离社会或整体而存在,无论生产力发达到什么程度,人总还是社会的人,人具有社会性;至于个体从家庭中的脱离,更是一种虚构,因为无论从身体上还是从心理上,家庭总是个体最后的港湾,没有家庭的存在,个体生命的诞生都成为难题,个体是情感性生命,个体具有家庭性。三种蜕变或三大脱离之主观意识自我推演,只是完成了一半的路程。因为,现实情形是,个人首先呱呱落地,出生于家庭;成人礼之后,逐步走向社会,形成各种社群;再然后是以集体力量或整体力量进行生产性活动,这时候是走向了自然,通过与自然关系的生态互动为人类发展提供各种必需资源。而个体的人一旦老去,就会从自然退回社会,再从社会退回家庭,再从家庭回归虚无。如果将这个过程分为两半,一个是成长的半圆,另一个是衰老的半圆。三大蜕变所形成的"自我理性意识、自我角色意识、自我独立意识"所对应仅仅是"成长的半圆"或者说仅仅是这一时段的自我意识的特点,而对应另一半即"衰老的半圆"的自我意识则是"自我实体意识、自我生态意识、自我亲情意识",这一半的圆的路程,处于被婚姻伦理忽略阶段。每个个体人都有其生命变化周期,这两个半圆所形成的意识类型必然同时存在,而且就整个人类、社会或家庭来说,总是同时存在着处于不同生命发展阶段的个体，因此上述六种自我意识也必然是一种共时性存在，共同地相互交融地以一个整个意识的面貌存在于人类、社会或家庭中，也因此促使人类、社会或家庭等现实存在转化为实体性单元。

理论与现实可以存在距离，但理论的生命性即其现实性。这种意识变化体现到每一个个体身上，跟随着老人或父母的意识的变化阶段或变化历程，能够发现孝敬父母的必要性，父母或老人处于"自我亲情意识"阶段，因此，需要家中的子女或年轻成员提供这种亲情意识基础。总而言之，从自然原因看，孝敬父母的原因就在于"身体的衰老"和"亲情意识的回归"，依照这种人生的身体规律、意识规律去行为，就是一种"真"行为。

（二）"无老不成家"——"无老不成社会"

任何社会关于婚姻家庭制度的设计都不是永恒不变的。当我们把孝敬老人的现实目的确定为照顾身体衰老和亲情意识回归的目标时，实际上我们采取了一种"老有所养"的价值取向。虽然说人性本善，但习性和境遇却相去甚远，所谓"良心丧于困境"，自古至今也发生过对父母双亲没有孝敬的行为，甚至还虐待或殴打老人，虽然这种现象不占主流，但也反映出确实存在着另一种价值取向，即"老无所养"。我们无须在飞禽走兽的本能行为类比时找到应当老有所养或老无所养的根据，因为那不是一种原理。我们基于一种人类求发展的本能利益去考察，就会发现"老有所养"符合人类的整体利益。那么，老无所养就等于在毁坏人类的存在。因为这样的一种理由，自古至今没有哪个社会敢明目张胆地抛弃老人，而是在想方设法保护老人，孝敬父母也因此受到了格外重视。但是在孝敬父母的具体制度安排上却并不完全一样，有的是国家养老为主，有的是社会养老为主，有的是家庭养老为主。但无论怎么说，孝敬老人是一个社会提倡的高尚风尚，那么从社会与伦理角度分析，为什么要孝敬老人呢？

孝敬父母保障了社会存在的人口基础。调控人口数量的方式很多，孝敬父母是其中的一个重要方法。其中所蕴含的逻辑是，如果父母得不到孝敬，那么许多能做父母的可能也就不愿意生儿育女，能少生的就不多生，于是人口数量会减少，从而影响到构成社会的人口基础。一般来说，父母生育子女有三种考虑，一是社会中别人在生，所以自己也得生。这是一种社会需要，也是一种从俗行为，生育子女成为无须考虑的自然而然的事情。二是传宗接代的考虑，这是一种生殖本能的必然反映，非常强烈，与其他物种并无二致。三是生儿育女以防老，这是源远流长的一种意识观念。人都会变老。人老时，好像功能齐全的汽车突然油量减少，人的体力、智力、行为能力等方面都会逐渐降低、变慢、变弱、变缓；老年人不甘心就此逐渐从社会各个领域退出、从家庭各个领域退出、甚至最终从自然界退出，所以就会表现得烦躁、无奈、抗争和失落，这就特别特别需要子女的关心、劝慰和照顾。而一旦形成敬老爱老的社会风气，就会增强育龄人群的生育信心。

孝敬父母建构了社会关系。社会关系是在既定社会中所形成的人与人之间的相互交往状态。社会关系可以分为很多种，我们可依照其所体现的关系方向，将其分为纵向关系、横向关系、交叉关系三种，其中婚姻是男女两性的结合，因此属于交叉关系。在交叉关系的基础上，产生了父母与子女的关系和兄弟姐妹的关系，其中父母与子女的关系可以称为纵向关系，而兄弟姐妹的关系可以视为横向关系。夫妻关系、父子关系、兄弟关系组成了最重要的家庭关系或一般意义上的家庭伦理关系。家庭是社会的基础、家庭是社会的细胞，从发生学视角观察，先有家庭后有社会，社会存在的重要目的之一是使每个家庭都幸福。因此，社会关系的基本结构是按照家庭关系模式建立的。这不仅在中国古代"由家及国"的立国理念和实践中有体现，即使在世界上其他国家或地区、在不同语言世界内，也有类似的体现。西方工业国家并非不重视孝敬父母，而非洲原始部落对父母正确之言也是言听计从，保持着对长辈的一贯尊重。孝敬父母是一种天然情感，是一种自然关系，由于这种天然联系的存在，才使得社会中也拥有了纵向的君臣关系。纵向关系本身不是一个平等的关系，而是有着上下分别的社会联系。这种联系是社会共同体存在、发展和进步的重要的社会结构性力量之一。在社会关系的基础上形成了不同的社会集团,而不同的社会集团相互合作又建构了社会体制。从这个意义上说,孝敬父母实际上变成社会体制中的重要元素。可以说,社会就是放大了的家庭。现代社会的主要特点是将家庭功能放大到整个社会,由社会尽可能多地承担起传统上属于家庭管理的事务。社会也只有成为扩大版的家庭,生活于社会中的成员才会本能地具有安全感、舒适感和惬意感。这是人类的荣耀,也是人类的局限。古今中外的文明建设,主要是围绕"依家建国、国建如家"的方向进展,因为,说到底,人类文明的建设还是为了人类的生存、发展和繁荣,而家庭这种血缘共同体则正是体现了这一本能性要求。任何血缘共同体之外的地缘共同体、业缘共同体乃至物质共同体、精神共同体、文化共同体,如果不将其中的核心逻辑依照家庭逻辑来安排,人则经常不会心安。而历史上存在的各种各样的行业、团体、机构等,也莫不是有意无意地遵循了家庭逻辑的运行规律才得以顺利发展。因为,从家庭学意义上分析,可以说,家庭是各种社会关系、社会事务、社会情感的源头、始点和基础。

孝敬父母反映了社会治理的不同态度。社会对于儿童的态度往往是鼓励成长,对于青年人的态度往往是给予施展才华的舞台,对于老年人的态度一般是进行照顾和赡养以使之能颐养天年。但这是一种社会态度。从逻辑上进行划分,任何社会对待儿童、成人、老人的态度均有三种可能:鼓励、限制和调理。不同的社会态度对不同年龄段的人群的成长的影响是不一样的。对于儿童而言,鼓励意味着成才、限制意味着戕害、调理意味着有限度地成长;对于成人而言,鼓励意味着积极性发挥、限制意味着积极性丧失、调理意味着将积极性引导于正确的区域、区间和方式;对于老人而言,鼓励意味着生活随意、限制意味着生活悲惨、调理意味着生活被安放于正常状态之中。社会对人的态度,直接影响到社会氛围。鼓励态度形成欣欣向荣的社会氛围,限制态度形成垂头丧气的社会氛围，调理态度形成波澜不惊的社会氛围。社会对不同人群所采取的态度，通过政策、法律、利益等方面来体现或实现。政策具有"引导、限制、鼓励"三种作用于社会的方式，法律具有"权利、义务、责任"三种作用于社会的方式、利益具有"奖励、惩罚、给予"三种作用于社会的方式，通过这三种以及其他措施的组合，建构、改变或铺陈具体的社会氛围，体现着对不同群体的社会态度。对老人的敬重，用鼓励的社会态度最好。而敬重的主体包括人类社会中的所有人，敬重的对象则是人类社会的所有老人，敬重的平台是世界、国家、家庭，敬重的渠道是心理、行为和物质，敬重的时期是人类社会自始至终。敬重或孝敬老人或父母并不是一件容易的事，很多人的本能要素中更多存在的是对子女和晚辈的关心，但对父母和长辈的敬重则不是十分充足，这也就是为什么人类社会对"孝"德极其重视和持续推崇的原因。如果反推之，当一个社会"孝"德昌盛大行其道的时候，那就说明，对待老人的社会态度是鼓励的。其实，对所有年龄段的人群、天下百工都采取鼓励的社会态度同时遵循必然性法则，那么这个社会一定是怨言最少、和谐最多的欣欣向荣、充满生机与活力和理性之光的社会。家庭不能无老人，家中无老人，就无生活经验、就无精神皈依；社会也不能无老人，社会无老人，就无文明成果、就无实体联系。无老不成家，无老不成社会。

（三）不同文化的相似追求："父父、子子"

美国社会学家露丝·本尼迪克特说："世上有多种所有制体制，以及与财产相联系的社会等级制度；世上有许许多多有形的东西以及精心制作这些东西的技术；世上还有各色各样的性生活，生育时期的，绝育以后的；还有构成这个社会的各色行会和迷信团体，有经济交易，有诸神及各种超自然的约束力。"[1] 这

---

[1] 露丝·本尼迪克特：《文化模式》，王炜等译，三联书店1988年版，第24页。

些元素的结合构成了文化模式。古今中外，存在着不同的文化模式。不同的民族都拥有自己的"一只陶杯"，由此饮入了他们的生活；在这些所饮入生活中渗透着各自的文化灵魂。不同的文化灵魂以精神文化、器物文化、习俗文化为主要载体，其中尤以文化经典为代表。人们可以将文化进行许多种分类，入世文化、出世文化，物质文化、精神文化，高雅文化、世俗文化，等等。尽管不同类型的文化各有侧重，但古今中外文化典籍中不乏对"孝敬父母"的关注和提倡，这说明孝敬父母是人类的普遍情愫。

《道德经》第十八章说："大道废，有仁义。智慧出，有大伪。六亲不和，有孝慈。国家昏乱，有忠臣。"社会中的自然大道被废弃了，才有提倡仁义的需要；聪明智巧的现象出现了，人才有了大伪诈；家庭出现了纠纷，才能显示出孝与慈；国家陷于混乱，才能见出忠臣。一物隐一物显，一暗一明，凡事均在动态中发展。《道德经》第十九章说："绝圣弃智，民利百倍；绝仁弃义，民复孝慈；绝巧弃利，盗贼无有。此三者，为文不足，故令有所属：见素抱朴，少私寡欲。"抛弃聪明智巧，人民可以得到百倍的好处；抛弃仁义，人民可以恢复孝慈的天性；抛弃巧诈和货利，盗贼也就没有了。圣智、仁义、巧利这三者全是巧饰，使人们的思想认识有所归属，保持纯洁朴实的本性，减少私欲杂念，抛弃圣智礼法的浮文，才能免于忧患。《道德经》第十九章的内容，帛书本与世传本相同，竹简本则作"绝智弃辩，民利百倍；绝巧弃利，盗贼无有；绝伪弃虑，民复孝慈"，无"绝仁弃义"之说。《道德经》第三十八章说："上德不德，是以有德；下德不失德，是以无德。上德无为而无以为，下德无为而有以为。上仁为之而无以为，上义为之而有以为。上礼为之而莫之应，则攘臂而扔之。故失道而后德，失德而后仁，失仁而后义，失义而后礼。夫礼者，忠信之薄，而乱之首。前识者，道之华，而愚之始。是以大丈夫处其厚不处其薄，居其实不居其华。故去彼取此。""上德"是具备因任自然的实德，不表现为形式上的

## 第四章 现代社会婚姻的道德规范

德,因此实际上是有"德";"下德"表现为对形式上德的追求,实际上是没有"因任自然"的实德。"上德"是因循自然,无意人为,而成就万事万物;"下德"貌似无为,实际还是有人之意愿的参与。治理天下如果离开了根本的"道",就只能用"德","德"也找不着了,就用下一步的"仁";连"仁"也失去了踪影,就只好倡导"义";如果"义"也走失了,只能求助于"礼"。一旦到"礼"治这个环节,就说明上下级之间应当坚持的"忠"德、平等级别之间应当坚持的"信"德都太缺乏了、太不堪一击了,因此混乱就要开始了。这些关于"下德"所追求的"仁、义、礼"的认识,是道之表面现象,是"愚迷"的起点。因此,大丈夫应处于"厚"所代指的"道"之自然层面上,而不应处于"薄"所代指的"礼"等人为设计的制度层面上;自我放置于道的实体上,不要将自我放在道之表面。所以,应舍弃"下德"而实施"上德"。该章蕴涵着两个逻辑和一个价值取向。"失道而后德,失德而后仁,失仁而后义,失义而后礼",是从"道"讲到"礼",谓之"正"说;"夫礼者,忠信之薄也,而乱之首也。前识者,道之华也,而愚之首也。是以大丈夫居其厚而不居其薄,居其实而不居其华。故去彼取此",实际上是从"礼"讲到"道",只不过没有明讲,而是暗讲,可谓之曰"反"说。如果将"正"说与"反"说联系起来,所形成的完整图式就是:"道—德—仁—义—礼—义—仁—德—道。"大丈夫应当取"道","复"道,"道"既得,其余四者顺次而来,可谓纲举目张,这就是价值取向。人可得道,因为人由道生,道未曾离人,只是凡人常为既存的种种人为设计现象搅扰得眼花缭乱。竭其聪明,以营庶事,虽德其情,奸巧弥密,虽丰其誉,愈丧其实。劳而事昏,务而治秽,虽竭圣智,而民愈害。舍己任物,则无为而泰;守夫素朴,则超越典制。故母不可远,本不可失。本既不失,则国泰民安,万物自化。"孝"在道德经中是处于"礼"的环节,但是在"礼"之时代,"孝"非常重要。

《孝经》提出了孝敬父母的章法。子曰:"夫孝,德之本也,教之所由生也。复坐,吾语汝。身体发肤,受之父母,不敢毁伤,孝之始也。立身行道,扬名于后世,以显父母,孝之终也。夫孝,始于事亲,中于事君,终于立身。"大雅曰:"无念尔祖,聿修厥德。"(《孝经·开宗明义》)孔子说:孝,是一切德行的根本,也是教化产生的根源。人的身体四肢、毛发皮肤,都是父母赋予的,不敢予以损毁伤残,这是孝的开始。人在世上遵循仁义道德,有所建树,显扬名声于后世,从而使父母显赫荣耀,这是孝的终极目标。所谓孝,最初是从侍奉父母开始,然后效力于国君,最终建功立业,功成名就。《诗经·大雅·文王》篇中说过:"要称颂修行先祖的美德啊!""子曰:"孝子之事亲也,居则致其敬,养则致其乐,病则致其忧,丧则致其哀,祭则致其严,五者备矣,然后能事亲。事亲者,居上不骄,为下不乱,在丑不争,居上而骄,则亡。为下而乱,则刑。在丑而争,则兵。三者不除,虽日用三牲之养,犹为不孝也。"(《孝经·纪孝行》)孔子说:孝子对父母亲的侍奉,在日常家居的时候,要竭尽对父母的恭敬,在饮食生活的奉养时,要保持和悦愉快的心情侍奉,父母生了病,要带着忧虑的心情照料,父母去世了,要竭尽悲哀之情料理后事,对父母的祭祀,要严肃对待礼法不乱,这五方面做到了,方可称为对父母尽到了子女的责任。侍奉父母双亲,要身居高位而不骄傲蛮横,身居下层而不为非作乱,在民众中间和顺相处、不与人争斗。身居高位而骄傲自大者,势必要遭致灭亡,在下层而为非作乱者,免不了遭受刑法,在民众中争斗则会引起相互残杀。这骄、乱、争三项恶事不戒除,即便对父母天天用牛羊猪三牲的肉食尽心奉养,也还是不孝之人啊。

《圣经》强调"凡事要听从父母"。《申明记》谈到"摩西十诫"时说:"Deu 5:16 当照耶和华你神所吩咐的孝敬父母,使你得福,并使你的日子在耶和华你神所赐你的地上得以长久。"其中包含着"孝敬父母"的道德要求。《以弗所书》在提到"儿女与父母"时也提到了"孝敬父母"的伦理要求:"Eph 6:1 你们做儿女的,要在主里听从父母,这是理所当然的。Eph

6：2 要孝敬父母，使你们得福，在世长寿。Eph 6：3 这是第一条带应许的诫命。Eph 6：4 你们做父亲的，不要惹儿女的气，只要照着主的教训和警戒，养育他们。"《歌罗西书》说："Col 3：20 你们做儿女的，要凡事听从父母，因为这是主所喜悦的。Col 3：21 你们做父亲的，不要惹儿女的气，恐怕他们失去志气。"

《古兰经》也要求孝敬父母。2：83. 当时，我与以色列的后裔缔约，说："你们应当只崇拜真主，并当孝敬父母，和睦亲戚，怜恤孤儿，赈济贫民，对人说善言，谨守拜功，完纳天课。"然后，你们除少数人外，都违背约言，你们是常常爽约的。"6：151. 你说：'你们来吧，来听我宣读你们的主所禁戒你们的事项：你们不要以物配主，你们应当孝敬父母；你们不要因为贫穷而杀害自己的儿女，我供给你们和他们；你们不要临近明显的和隐微的丑事；你们不要违背真主的禁令而杀人，除非因为正义。他将这些事嘱咐你们，以便你们了解。'"31：14. 我曾命人孝敬父母——他母亲怀上加弱地怀着他，他的断乳是在两年之中——我说："你应当感谢我和你的父母；唯我是最后的归宿。""46：15. 我曾命人孝敬父母；他的母亲，辛苦地怀他，辛苦地生他，他受胎和断乳的时期，共计三十个月。当他达到壮年，再达到四十岁的时候，他说：'我的主啊！求你启示我，使我感谢你所施于我和我的父母的恩惠，并行你所喜悦的善事。求你为我改善我的后裔。我确已向你悔罪，我确是一个顺服者。'"

《易经·序卦传》说："有天地，然后有万物；有万物，然后有男女；有男女，然后有夫妇；有夫妇，然后有父子；有父子然后有君臣；有君臣，然后有上下；有上下，然后礼仪有所错。夫妇之道，不可以不久也，故受之以恒；恒者久也。"《易·系辞上》："乾道成男，坤道成女。乾知大始，坤作成物。"《易经》中咸卦的卦辞是："咸：亨，利贞，取女吉。"象曰："咸，感也。柔上而刚下，二气感应以相与，止而说，男下女，是以亨利贞，取女吉也。天地感而万物化生，圣人感人心而天下和平；观其所感,而天地万物之情可见矣!""《易经》中家人"卦的卦辞是:"家人:利女贞。"象曰:"家人,女正位乎内,男正位乎外,男女正,天地之大义也。家人有严君焉,父母之谓也。父父,子子,兄兄,弟弟,夫夫,妇妇,而家道正;正家而天下定矣。"由此可见《易经》对男女婚姻和"父父,子子"之道的重视。

### 三、爱护子女

无论对婚姻的目的如何理解,生育子女总是其不可回避的职责。生育子女既是生理本能,也是社会要求,更是文化提倡。不但要生育子女,还要很好地教育子女。杜威曾言,人如果不接受教育,只是完成了生命的一半。不进行教育,人仅仅还是"自然人""粗糙人",还没有形成社会人、文明人和文化人。同时,在子女成长到一定年龄之后,应当充分尊重子女的意志自由。因为子女已经成人,父母的监护任务已经基本完成,所以,如果还像小时候一样来管理子女,必然会受到子女的反抗、挑战和厌烦。父母对子女的爱在很多情况下会陷入盲区或一厢情愿的状态,而自身却还不理解,从而产生情绪上的波动。爱护子女也因此具有了三方面的内容,就是生育子女、抚养子女、教育子女。

(一)生育子女

现代社会节奏加快、分工越来越细,人们为了生计变得更加忙碌。在这种情况下,就出现一种冷落"生育子女"的意识。这种不愿生育子女的意识或者表现为不愿结婚、或者表现为结婚后推迟生育或不生育,或者生育后也不愿意投入时间精力管理,无论使用怎样的饰词或者所谓的独身主义、丁克等作为挡箭牌,或者是以养活子女所需要的经济条件过分高昂、自己的人生由此受到摧残和折磨等为理由来婉拒,如果从意识世界来观察,均属于对"生育子女"理念的拒斥。人类作为一种物种,拥有子女的方式很多。或者亲自生养,或者从他人那里抱养,或者从社会孤儿院领养。既可能在婚内生产,也可能未婚先孕,或者使用试管婴儿。这些生养方式存在一个同一的目的，就是繁衍人类。没有人，拥有再多的物质财富和科技水平也没有太大作用，因为，人才是人类社会的主体。

在生育子女过程中，存在着许多严峻的挑战，主要有不生育子女、选择性生育、生后不照顾三种情形。

不生育子女是指婚后不要子女。

这早已成为当今世界尤其是发达国家一种非常突出的令人担忧的现象。表现形式很多：一是不愿意结婚，二是虽结婚但不愿意怀孕生子，三是怀孕之后中途堕胎，它们所导致的结果都是一样的，那就是没有为人口的增加添砖加瓦。如果是环境不能、客观不能、技术不能，尚且能够理解，只要进行有效的补救即可；但如果是主体不能、主观不能、精神不能的话，那就需要有效调整自身的思维模式。如果所有个体都将人生当作自己的人生，而不愿意承担任何义务或责任，甚至不愿意承担源于本能的责任，那么人类社会还将如何延续？个体的生命又当如何延续？当年老孤独无依的时候，精神寄托于何处？

个体主义是现代社会的价值取向。初民社会的价值取向是整体主义，发展社会的价值取向是群体主义，而现代社会随着生产力的发展，个体往往脱离部落或家族还能够有力地生存，于是个体主义成为了现代社会对人的治理方面的价值取向。个体成为积极性能否发挥的主要单位，个体成为奖惩利害的承载主体、道德评价的基本单元，个体成为生活幸福与否的衡量指标。个体主义是尊重和保护每个个体的合法权益，它要求尊重每一个主体，同时更要求尊重公共秩序和善良风俗。

个体主义不同于个原主义。个原主义是一种自我中心主义，在个原主义视野中，除了自己，谁都没有；除了自己的幸福，根本没有对其他同类的幸福的考虑；除了利益的自我算计，没有任何亲情、友情和爱情；个原主义是将自己整日沉溺于网络的游戏世界、娱乐垃圾、信息废品中，罔顾周围人的善意的提醒、正义的帮助和严格的教导；个原主义缺乏反省意识，即使反省也找不到问题的症结，而是顽固地对其进行坚守，不肯觉悟和做丝毫改变。社群主义与个体主义是社会领域非常关注的问题，单纯地强调社群主义或个体主义，跟单独强调其中一个方面而忽视另外一个方面具有同等的片面性。就具体的个体而言，从来也没有哪个人是完全依照概念来生活，也从来没有一个人只是坚持整体主义或个体主义的一种，而是在有意无意地切换、循环、扬弃和创新。人同时拥有本能、激情和理智，人同时又是自然性、社会性、文化性相统一的生物，因此，人是有能力对属于理智层面的整体主义或个体主义予以分析、鉴别和选择的。现实地看，在社群主义社会也存在着对个体权利的尊重、保护和维护，否则，社群社会就会找不到发展的现实意义，没有整体、没有社群，不可能有幸福的个体；与此同时，社会的发展也并不只是为了当代个体的幸福，甚至不单单是为了人类个体的幸福，同时还包括对其他物种的保护和生态系统的平衡，所以个体也就不能将自身放大到超过整体或整个社群，认为个体利益、个体权利、个体尊严比整个社会的利益、公共权利、文明水平还重要，可以凌驾于社会整体之上，那样的话，社会就无法形成合力，社会就不能发展，社会就不能给社会成员或诸个体提供这样那样的服务、支持和保护，最后还是丧失个体幸福。即使在对个体主义十分奉行的国度，也从来没有放弃过对社会整体利益的维护和保护。"每个人都是自由的，但当别人在执行公共职能的时候，你一定要配合"，这句话应该成为流落到个原主义境地的思维模式的自我转化机制。个体应当尊重整体，正如整体应当尊重个体一样，个体拥有意志自由，但如果是别人在工作、别人在执行公务、别人在执行法律，以及其他涉及公共利益的行为或者说公行为，每个人都应当配合。这种配合就是对个体意志自由的合理的自我限制，而正是由于这种动态的自我警醒、自我调整和自我规范，才使得社会这个平台能够结构坚实并在时间流淌的无尽长河中不断前进和发展，也才有人类世世代代的幸福和繁荣。

　　作为现代社会的一名普通成员，任何人都具有为人类和国家进行人口生产的职责、义务和权利。"如果不生育，别人怎么来？如果别人不生育，你怎么来？"如果我们敢于对这个问题进行深入思索甚至上升到形而上学的境界，那么那种认为"我生育孩子、照顾孩子会给自身带来麻烦、痛苦的想法"就会发生改变，而会更多地看到生育和抚养孩子所带来的欣慰、喜悦、快乐和成就感。生育小孩是上升为"尊老"的重要途径、生育小孩是"人活得有型"的重要条件、生育小孩是"天伦之乐"的生命源泉、生育小孩是"国家繁荣昌盛"的重要保障。生育不是痛苦，生育是快乐；生育不是负担，生育是成果；生育不是黑暗，生育是光明。无论是个体还是环境，都应创造或改善适宜人口自身生产和发展的有益要素。

选择性生育是在生儿育女时有所选择。

选择性生育也有多种表现形式。一是对体格健壮与否的选择，二是对男女性别的选择，三是对生育数量的选择。在古希腊城邦斯巴达在婴儿生下之后在野外置放三天，三天若不死才取回，以保障整体的人口身体健壮水平；封建社会由于女子没有社会地位、没有继承权、男尊女卑，所以女婴经常成为被遗弃的对象；在社会发展的某个特殊阶段，需要对人口数量的增加予以限制的时候，那么就会产生数量方面的选择。我们所说的这三种情况，实际上只是生育选择方式中的一个方面。还有另外一个方面存在。与上述相对应的另外一个方面也包括三个部分：一是对体格衰弱者的选择，二是对女孩儿的选择，三是对生育数量扩大化的选择。其中第一个在现实中很少发生，第二种情况有时能偶尔发生，至于生育数量扩大化的选择往往在战争结束后需要提高人口数量时采用。在第一个方面三种情形和第二个方面的三种情形之间，还有中间方面。这个中间方面就是，无论是对体格水平、性别类型，还是对人口数量，均采取听其自然的态度，"是怎么样、怎样就好"。

选择性生育发生的方式很多，如果从时间维度考虑，可以分为怀孕控制、妊娠控制和产后控制三种方法，而解决问题的方式则包括物理手段、饮食手段、药物手段等。选择性生育自古就有，只不过有时是公开进行、有时是秘密进行。选择性生育发生的原因很多，或者是出于个体原因，或者是出于社会原因，再或者就是自然原因。个体在某些特殊情况下无法生育子女，那么就会进行选择，例如未婚先孕、在战争中突然要临盆，或者是后来发现妊娠者患有某种不宜此时生育的某种疾病。社会如果形成某种社会氛围，也会潜移默化地影响社会成员或广大受众。在社会领域，很多人是不进行思索或没有时间或兴趣进行思索的，许多人的一生都是在环境的推动下、引导下，甚至裹挟下前进，这一习惯也体现在生育领域。如果社会对生育活动已经事先进行了程序设定或法律规制，那么一般人自然就会照着去做，休养生息时期人口会大幅度增长，而人口膨胀时又会予以选择性限制，如果社会男女平等、男女在社会生活中发挥的作用都一样，那么就不会有重男轻女或重女轻男情形的发生，如果社会医疗技术、社会医疗条件、社会医疗费用有保障，人们则对婴儿的健康情况不必过分挂心，因为任何一个婴儿的健康都能得到有力保障；如果自然灾害发生、食不果腹、疾病流行，身体衰弱的孩子容易遭受疾病侵袭而多灾多难、女孩子不能提供更多的体力夜晚无法到玉米地去浇地、生太多的孩子又没有足够的食物提供给他们，那么也会导致生育选择行为。

  就对人类自身的生存、发展和繁荣而言，生育选择行为有时能产生积极作用、有时则产生消极作用；但对于作为本能来源的自然世界、自然秩序、自然序列、自然逻辑、自然力量、自然精神来说，却未必是一件完全符合规律的正事。苏格拉底曾说："未经反省的人生没有价值"，那么也可以据此推论，未经反省的生育选择没有价值、未经反省的爱情没有价值、未经反省的行为没有价值，甚至是未经反省的社会没有价值、未经反省的世界也没有价值。价值是客观存在的，反省不反省价值均依然故我地存在；但如果不反省，就不会发现价值、恪守价值，容易偏离价值从而偏离轨道，走向下滑的人生、下滑的爱情、下滑的社会、下滑的世界,所以还是需要"反省"。

反省不是简单地针对自身偶犯的错误或某些缺点而进行,反省的对象是全面的。既包括对自身的反省,也包括对所在环境的反省,还包括对自身与环境关系的反省,而每一种反省对象中,又有无数的子系统及其构成元素,而且这些子系统及其构成元素还处于不断发展变化之中。反省即"观照",唯有经过反省,才能发现自身的不足,才能作到"躬责于己而宽以待人",才能不断修正自己的发展方向,从而保持正态的、积极的、向上的人生,才能回归"精神""返本复元"。

生后不照顾是指生了孩子而不尽抚养责任的情形。

生后不照顾不是常见的现象,但在现代生活中并不是没有。关心孩子和孝敬父母一样,是人本身的来自自然的天性,但是如果生育主体遭遇了难以名状的困境或劫难,那么也会发生"父子不能相见、母女天各一方"的情形。一是生育者力有未逮。例如,身体因生育或其他事后原因而患有某种疾病导致行动不便,此时本身尚需要别人来照顾,更没有办法很好地照顾子女。又如家庭经济条件十分困难,对子女抚养有心无力,只能寄养到他人家中。还有,某种生育行为因不符合既定社会婚俗的要求,在出生后就不得不将孩子送人或放置到孤儿院、寺庙、教堂门口。二是生育后婴儿因各种原因而遗失,比如被拐卖、抱错,或者被动物衔去而成长为"狼孩"等,这属于强制性分离,因此最为悲痛。同时也说明,将子女养大成人究竟有多难,"平安"为什么成了普通百姓的最普遍的心愿,而"可怜天下父母心"也因此得到了最好的注解。三是生育子女后主观上不能抚养。生育者既有抚养能力,又有抚养条件,但是由于意识上的原因而不愿意抚养。这种意识上的原因多种多样,许多情况下是由于生育者对生育者自身的过度关注所致。男女两性在对待子女的态度上,女性要比男性对待子女更亲。女子在照顾子女方面具有无与伦比的天赋,她们知道子女在想什么、需要什么、往哪儿发展、怎样为孩子争取一个好的前程,就此方面看,女性无疑是世界上最伟大的管理者,世人则因此应当向所有女性呈上他们无限的和永恒的敬意。男性在创造物质财富方面具有无与伦比的能力和天赋,女性在生育人口方面具有至高无上的地位,因此,都应当受到同等的尊重。只要是人、只要是男人或女人,无论其现实所处的生活状态如何,都有权利和资格来承享来自他人、社会或自然的一份敬意、感谢和赞赏。

"生而养、养而生"是同一事项的两个连续环节,"生而不养、养而不生"是对同一生育事项的割裂,无论任何解释都不能推卸生与养之两方面的义务,无论采用任何措施或办法都应让儿童快乐健康地成长,谁是家庭的未来?谁是社会的明天?谁是国家的希望?儿童。当小孩降临到这个世界,带来的就是喜庆;而任何时期、任何部落、任何文化无一例外地都对新生儿抱着微笑、带着喜悦、赠送表示欢迎的礼品。"管生、管死、管照应"是人生历程中的三件大事,也是社会制度安排中必然要考虑的重要项目。笑着迎人来、哭着送人走,中间有哭又有笑,但我们应当在"有苦有笑"的历程中让"笑"更多。既然人们笑着迎人来,那就尽最大可能让所迎接到的来人充满欢笑地度过美好的一生,这样世界便更有吸引力,也更能履行好自己的天职。

我们不能看到一个年轻的母亲给孩子买不起一串糖葫芦而内心落泪,我们不能看到一个适龄儿童站在学堂外眼巴巴地望着想进入的学堂、我们不能看到孩子在成长过程中还像原始社会一样在基本的生活需求方面捉襟见肘,我们不能看到孩子见不到真正的向上的文化而单凭自身的直觉理解来体验人生,我们不能看到孩子们一生都局限于一个狭仄的生存空间而不去看看辽阔的大海、巍峨的高山和多元多姿的世界,我们不能看到儿童们身上所拥有的天赋得不到鼓励、认可和有效的发挥,孩子,是社会的新生力量、是社会得以绵延的基因、是社会得以高超的凭借,热爱儿童、关心孩子需要每个人、每一社会主体、每个社会乃至国家或整个人类切实地去做。"热爱儿童、关心孩子、照顾子女",这是道德的义务,也是伦理的造诣,更是境界的荣光。

生养子女过程遇到的挑战由多种原因形成，而解决问题的办法也从这些原因中得出。

如果所处环境恶劣、疾病流行、缺衣少药，那么适龄男女的生育态度会发生分化，一部分人力图多生育，目的在于防范风险，保证子女的最终存活率，另一部分人则会少生育甚至拒绝生育。如果所处的自然环境和社会条件对孩子的成长十分有利，那么多数人的生育态度就是按需要生育，在这种情形下，人类能够有效地把握自身的生育数量。还有一个因素，就是适龄生育者自身的生育条件。这里的生育条件主要是指人的健康情况。身体健壮的人，能够从生理层面多生小孩；身体虚弱的人，如果生许多小孩就会觉得吃力；如果是身体不幸患有某种疾病的人，那么可能就无法亲自生育小孩，而只能通过人工辅助生殖技术来满足自己的拥子愿望。对于生育而言，自然中存在适合、不适合、有限适合三种条件，社会中存在有利、不利、比较有利三种条件，个体中存在健康、不健康、比较健康三种条件，如果使用简单的排列组合原理来进行思考，就会形成至少 27 种情形，而这些情形就是关于生育的现实状况。

不同时间、不同地点、不同人群中的现实的生育状况是不一样的，但必然主要是这 27 种情形中的一种。如果要改变具体的生育状况，也只能从自然、社会、自身三个方面同时着手。就自然、社会、自身中所存在的诸种条件或组成条件的系统或元素而言，以人力是否能够改变为标准，可以分为：能够改变的元素、不能改变的元素、可以有限改变的元素。那些纯属于物理性存在的元素，受自然规律的支配，因此不容易进行改变；那些纯属于意识性存在的元素，因受到自由规律的支配，因此有望进行改变；处于物理性和意识性存在之间或同时具有物理性和意识性的那些要素只能进行有限的改变。从长远来看，人的认识能力是不断提升的，但在具体的历史阶段、具体的地域、具体的情形，又不可避免地带有认识和认知上的有限性因而也是局限性，这种有限性或局限性就会给我们带来改造世界过程中困难，因此，不是所有的问题都能利用神话的或文学的、器物的或科学的、制度的或哲学的方法予以即时性的彻底解决，否则，人类在生存和发展过程中的困难、困境和困惑早就销声匿迹了，但事实不是如此。因此，文明必须得向前发展而不能停留在一个水平而不增长，也因此一定要将文明依照文明的本然要求去建设，而不是将人类无知的童年时期的幻想、人类精神失常状态下战争、人类蒙蔽智慧状态下的欺诈当成文明发展过程中的必须保留物。幻想使人远离真理、战争使人远离和平、欺诈使人远离幸福，"愚蠢、混乱、不幸"不是人类文明概念中的应有之物；人类应该坚持真正的文明之旅。既然存在于自然中的、社会中的、自身中的有关生育的诸种要素存在着人类能够彻底改变的多种情形，那就需要分清楚哪些是给定的条件、哪些是可以进行有限改变的条件、哪些又是可以彻底改变的条件，根据实际情况，对相关条件进行改变，从而达到改变生育现实状况的目的。

从马尔萨斯开始，就有人口学家和罗马俱乐部之类的民间组织指出了人类发展过程中所面临的困境并提出了控制人口的建议。然而，他们没有注意到非战争、非疾病、非饥饿状态下世界人口数量相对下降的新趋势。"二战"以来，随着社会节奏加快，人们为了生计更加忙碌，育龄夫妇的生育愿望逐渐降低。在发达国家，"少子化"趋势使得人口增长停滞。另一个结构性问题是，在社会福利制度日益完善的当今社会，"越穷越生"的社会现象愈演愈烈。那些健壮、聪明、能力强的适龄男女，拥有好的事业和充实的业余生活，却往往把抚养后代当作负担，其生育率较低。而那些贫困者、病弱者更加着眼于家庭的壮大（当作事业）和年老时的依靠，希望依靠多生孩子来增加安全系数，故其生育率较高。许多发达国家采取了鼓励生育的经济政策，却难以有效提升中产阶级的生育率，而那些来自发展中国家的移民，为了得到"儿童牛奶金"等福利而生了又生。不同国家、不同民族和不同群体的生育率显著差异，构成了人口的逆向淘汰趋势。长此下去，将会导致人口结构失衡和人类素质的整体劣化。因此，必须从个体和整体两个方面共同努力，将"生育子女"行为提升至"理想之境"。

（二）抚养子女

当子女来到这个世界上之后，就产生了抚养子女的父母义务。如果没有身体的健康成长，其他后续的事项根本无从谈起，所以抚养子女最重要的就是让孩子保持健康的身体。婴儿、幼儿、少年、青年到成年，每一成长环节都需要父母的细心呵护。父母抚养子女的伦理义务主要在衣食住行方面展开，目标是孩子在成长和发展中一直保持在安全、健康、愉悦状态。

父母应保障孩子的安全。

危及安全的因素主要来自三个方面，即客观世界、身体世界和触面世界。在人类发展史和人类成长史中，一直在探索、发掘和积累有关安全的知识。虽然如此，但还是没有能够确保人类完全不受来自环境的伤害。食人蚁、食人鱼、食人蝇等看似微小的生物能给人带来危险，而肉眼看不到的细菌又会给人带来疾病，至于大规模的自然灾害如地震、飓风、洪水等大的危险迄今为止所能采取的最好办法是躲避和救助，还不能完全免于其所带来的群体性伤害。高速交通运输工具安全知识的宣传非常普遍，但每年还有许多人受伤，食物安全卫生虽反复强调，但还是有人因为乱吃快餐而致病，家庭饮食虽然有代代相传的经验，但还是由于误食所谓地方特色食品而带来智力伤害。身体受伤，万事皆休。人的身体一直处于成长和发展变化之中，这些变化有些是令人喜悦的，有些是令人烦恼的，还有一些是不知不觉发生的。身体的成长变化是一个自然过程，这个自然过程无须担心和人为，该成长的部分自然会成长。儿童在成长过程中对自己身体的发育偶尔会担忧，而且有的担忧会以秘密的形式存放于心底一直到长大成人，身为父母应当及时发觉这种认知并及时予以纠正。对身体安全，在不同的发展阶段，应当予以不同方式的关注，究其实质，乃是父母以自己的行动力对子女的保护。当婴幼儿不能自理时，其身体的所有活动都暗含着危险因素。吃奶怕呛着、翻身怕滚到床下、蹒跚学路时怕跌倒。这个时期，父母防范危险的方法是"寸步不离"。一旦发生危险，可以立即进行救助。父母与孩子的距离应当保持在一臂之内，伸手可及、伸手可救。当子女逐渐长大，但对事物的判断力还没有那么强大时，危险范围就扩大了，因为小孩这时已经有了一定的行动能力，到处走动、蹦跳、攀爬，不肯停歇，这是其生命力成长催动的结果，不能将这种"连狗都嫌的年纪"的活动状态当成是孩子顽皮或故意捣蛋，这是其生理发育进程所决定的，与其自由意志无关。然而，对于危险的防范来说，所需要的工作量是大大地增加了，同时对年轻父母的安全保护能力提出了较高要求。这个时期，父母与孩子的距离应当保持在视野所及范围之内，以便用最快的通知方式——声音的呼喊——来迅速告知孩子所面临的危险。这种声音的呼喊是一种提醒注意的方式，同时也是一种意识培养，将来小孩一旦再遇到类似情形，就会本能地记起"父母的呼喊"，从而在危险面前止步。另外，父母在呼喊之后，很多情况下可以冲过去将子女强行拖离危险境地。由此可见，当孩子稍微长大一些有了独立行动能力之后，那么就需要父母做三件事：（1）将孩子的玩耍范围控制在自己目力所及的范围之内；（2）一旦出现危险征兆，立即大声呼喊以提醒注意和暂停其行动；（3）在大声呼喊的同时或随后以最快速度冲到孩子身边将其拖离现场；如果孩子不愿意离开危险场地而反抗，则要同时予以解释，甚至呵斥或暴打一顿，但是不能造成孩子的身体伤害，比如可以照屁股上给一巴掌，目的在于"让孩子长记性"，而不是发怒。等年龄再大，孩子可以离开院落和小朋友们出去玩耍的时候，安全防范又提高到了一个新的要求。在这个阶段，孩子的安全意识、安全知识、安全能力有所增强，但是还没有完全成熟。父母应该尽可能安排孩子到熟悉的环境中去玩耍与活动，并且尽到看护义务，比如，使自身处于耳力能及的距离之内，通过定时或不定时地呼喊子女名字，聆听子女对父母垂询的应答，来检验他们是否处于安全状态。

如果要对上述这些阶段进行一下年龄上的区分的话，那么可以根据中国传统文化的研究成果和生活习惯，将婴幼儿时期对应为"从出生到会走路时期"、稍微长大的时期对应为"会走路8岁（男）或7岁（女）时期"、再长大时期对应为"从8岁到16岁（男）或从7岁到14岁（女）时期"。一般而言，男子在16岁、女子在14岁之后，其意识就已经成熟，可以独立地进行分析和判断了。但是由于缺乏经历、经验和相关知识，所以还是不能很好地保护自己，仍旧需要父母呵护和关心。严格来说，任何一个人，无论处于什么年龄段，对身体安全知识的学习永远都是一件"在路上"的任务，需要持续不断地利用一切机会补充和完善。这也就是说，当子女长大成人后，父母可能已经年老，这时候做子女的反而要对父母的身体安全负责。安全知识的社会分享是一道永不过时的亮丽风景。

父母应保障孩子的健康。

如果说安全是为了让孩子平安成长的话，那么健康则是为了让孩子有一个将来能在社会中从事任何工作的前提和保障。健康的保持需要从三个方面入手。一是让子女有良好的作息习惯，二是让子女获得保证足够营养的饮食，三是一旦出现任何小毛病，要立即采取措施进行治疗。在现代社会快节奏的生活中，人们很难再依照"日出而作、日落而息"的自然规律来起居，由于工作的多样性、紧迫性和压力性，容易导致作息时间紊乱。而良好的睡眠是身体健康的首要条件，无论是身体处在发育状态的青少年、处于衰弱状态的老年人，还是工作繁忙的中年人，都应保证充足的睡眠时间。为养成按时作息的良好习惯，年轻的父母应以身作则，并从娃娃抓起。

在培养子女具有良好的作息时间的同时，还要保证孩子足够的营养。食物中有一些是主要维持机能的、有的是促进生长的，还有一些是提高免疫力的。现代社会年轻的父母需要在短时间内学习的知识太多，所以关于饮食营养等方面的知识并不充足，而往往是在一种从众心理的支配下跟着别人去做。中外古今文化中，关于饮食问题主要存在三种使用模式。第一种模式是逮着啥吃啥。这种情况的发生主要是所获得的食物不足，或者是所得的食物虽然充足但类型单一，或者是食物充足而且类型多样化但当事人在吃东西时不加任何选择而是想吃啥就吃啥。这种情形就等于将自己的饮食营养问题交给了"偶然"，如果碰巧各种营养元素都具备，那么身体就会保持健康，如果饮食中没有足够的营养元素，那么身体就会出现这样或那样的营养缺乏症。第二种模式是粗线条分类。"吃什么补什么、食物按颜色分类、按季节饮食"是粗线条分类饮食形式的主要举措。这里所根据的理念是"自然与人合一"，但对其中的科学原理和逻辑环节却没有明确诠释，属于直觉式的朴素唯物主义的饮食理念。第三种模式是精细式饮食。这是采用分析哲学或营养科学的方法，将组成食物的蛋白质、粗纤维、微量元素等进行检验和分析，通过实验方法来发现不同元素对身体发育的不同功用，从而有选择地选择饮食和提供营养。其益处是有较强的科学性因而更具有针对性，其弊处是所需食材较多而不怎么考虑食物"色香味形"的统一。三种饮食模式代表了或形成了三种饮食习惯、饮食方式，可以分别称作自然饮食、粗放饮食、精细饮食。不管哪种模式，饮食首先需要注意安全，然后考虑营养，最后才考虑味道。纠正自身和子女偏食、挑食的习惯，是父母在教育子女中应尽的一项义务。

在满足子女饮食营养需要的同时，还需要关注对疾病的防治。人在一生的各个阶段，都可能面临疾病的困扰。无论父母是偏爱中医还是西医，都应当尽量保证家人在生病时能得到最及时、最有效的治疗。对子女和长辈健康的关心与提醒，是一件伴随终生的事情。

父母应保障孩子心情愉悦。随着现代社会的发展和进步，人们对幸福概念的理解不断深化，父母无不希望孩子能保持愉悦的心理状态。那么，如何使子女保持愉悦状态呢？一是要学会与子女聊天，二是支持子女进行适当的娱乐活动，三是要帮助子女不断地实现自己的合理目标。

与子女聊天，需要将子女在内心深处置于平等的地位，发自内心地尊重孩子的意愿。还要认真观察孩子的性格、禀赋和才能，多赞赏、多鼓励、多支持。如果孩子发脾气，要分析观察孩子的表现是正常还是反常状态。对于正常状态的反应不要指责，对于反常状态的反应，则要暗中观察，先用语言安抚，等其心平气和的时候给孩子谈谈心，策略性地点出其不足并表明相信其以后会变得更好的信心，让孩子在平和友善的交流中逐渐成长进步。父母切忌自以为是、拿出十足的家长主义。孩子有自己的成长时代、将来要在社会中承担他们这一代人要承担的生活、工作和建设使命或任务，不可能所思所想与父辈完全一样。父母与孩子相处中的"恩威并重"，不是传统的一个唱红脸、另一个唱白脸，更不是"棍棒之下出孝子"的强力压制，而是基于关爱、知识和优良品质所自然而然形成的"权威"。现代社会，父母与子女之间既存在纵向的照管关系，也存在平等的交流关系，随着年龄的增长，双方的平等交流会逐渐占据主流地位。而"后喻时代"的到来，使得子女对父母让反向教育更为突出。因此，父母在与孩子交谈的时候，要给孩子充分的陈述自己想法和理由的空间，要掌握好分寸，始终让孩子有一个乐观向上、平静智慧的人生态度。

小孩在成长过程中会有各种娱乐活动，譬如玩玩具、跳皮筋、看电影、踢球等。符合孩子年龄特点和成长规律的娱乐活动，可以寓教于乐，促进其健康成长，并带来长期的愉悦和心理平静。这样的娱乐我们称为正态娱乐。但正如经验之谈，"玩物丧志"，过度沉溺于单一的娱乐活动，可能会耽误正业，而过度追求刺激更可能走上赌博、吸毒等邪路，影响孩子未来的人生进程。因此，父母应防微杜渐，及时制止孩子参与负态娱乐活动，力争从娱乐活动中为子女补充正能量。

仅仅有娱乐还不能保持精神愉悦。从古至今的人生经验告诉我们，人生最大的乐趣在于劳动，在于有所贡献，在于看到自己所盖的高楼拔地而起、自己所造的航空器穿越太空、自己的著作被争相阅读、自己保卫的国家能够和平繁荣，所以，在孩子的成长过程中，要帮助其规划设计合理的小目标，激发孩子的积极性、成就感和自豪感。不要拿自己的孩子跟别人的孩子盲目攀比，否则会对孩子造成成长的压力。应将每个孩子都当作天使看待，热爱孩子、关心孩子、鼓励和赞美孩子，帮助孩子有所成就。父母给孩子微笑，孩子就会给世界报之以微笑。

总之，无论是孩子的安全、健康，还是愉悦，均需要社会、家庭、个体等方面共同努力，发展有利因素，避免不利因素，共同将子女培养成时代所需要的有用的积极人才，使他们或她们拥有比父母更为成功的健康幸福人生，这是对人类文明发展的肯定和巨大贡献。

（三）教育子女

当生育子女并保障子女的安全、健康、愉悦发展后，教育子女就提上了议事日程。在教育子女过程中，往往存在着不想教育、不会教育、不能教育三个方面的问题。一是缺乏教育子女的明确意识，二是不知道怎样教育子女，三是不懂得在哪些方面对子女进行教育。现代社会虽然存在着各类家庭教育咨询机构，但最终还要由父母来具体落实。严格来说，很多年轻父母的治家能力和教育子女能力还有不足，因为他们自己尚在成长过程之中，而很多年迈的父母在回顾前半生教育子女的得失时，也经常发出"假如当初如何，那么是否会是另外一种局面"的感喟。人的一生是一个不可逆的过程，这是时间定律对生物的制约；所以在做关于子女教育的任何决定的时候，都需要一次性做好而不是为将来留下遗憾。在教育子女成长过程中，父母也会成长。

教育子女需要明确的教育意识。

子女与父母或长或短地生活在一起，必然受到父母的影响，没有父母的教育，子女难以成才。在子女教育的过程中，由弱到强存在着三种意识，即无意识、弱意识和强意识。无意识是指父母并不刻意地对子女进行塑造，而是奉行"船到桥头自然直"的成长理念，认为孩子长大后什么都就知道了、什么都能自己做好。这种无意识所对应的是本能型的影响，只是在举手投足、提供食物和举办家庭活动等过程中由子女自发地学习。如果父母自身的素质比较到位，那么就会形成比较好的子女的素质，如果父母自身的素质没有达到要求，那么子女也就会吸收一些不良营养。在这种无意识的子女教育模式中，子女的成长水平有赖于父母其时所拥有的基本素质。弱意识是指父母已经认识到了子女教育的重要性，因此在环境许可的范围之内对子女进行间歇性或零散的教育。父母自身的素质固然重要，但子女成长过程中所面临的环境同样重要，因为父母是在环境允许的范围之内为子女提供帮助和引导。弱意识是子女教育的常态，但因任何具体的人在世界上的履历都有一定局限性、身为父母也不能走遍天下的路，子女在父母的人生体验环境中生活和成长，于是也就成了这种环境的产物，只不过在父母有意识的指导下，能够成长为环境所需要的人才。还有一种强意识子女教育。强意识意味着父母不但能够在已有环境中给子女以人生指导，更重要的是努力为子女创造一个新环境。这种所谓新环境是相对于父母所在的既有环境而言，属于对原有环境的突破性设计或搜寻。正因为每个人的生存位置都是相对的、有限的，父母希望突破因自身人生经历所限定的教育环境而让子女进入更广阔更适宜的教育环境，譬如送孩子参与各类游学活动，就是强意识的主要体现。

教育子女需要明确的教育方法。家庭教育虽然用不上学校教育领域的启发法、案例法、灌输法等，但也并非无章法可循，关键是要把握好子女的特点来因材施教。每个儿童都是基因与环境相结合的产物。从基因上说，每个儿童有其一以贯之的特点；从环境上来说，每个儿童在不同的时空所表现出来的特点不一样。

现实存在的问题是，许多年轻的甚至已经年过半百的父母对自己的子女并不真正了解，更不能从多维度分析孩子的基因，或者误将生物性基因或普遍性基因当作孩子本身所拥有的基因。基因的质量代表着天赋，对孩子的天赋不了解，就没有办法对孩子进行针对性教育和有效提升。

环境方面存在的教育瑕疵主要有三：一是不承认环境的多样性，而只是用一种家族传承或主观想象的教育理念与教育模式力图战胜多变的环境，从而产生教育模式单一、僵化刻板而适应性不强的后果。二是在面对环境的多样性时手足无措。环境瞬息万变，年轻父母在子女教育方面百思不得其解，于是乎就东家问计、西家问策，依样画葫芦。这种做法固然可以吸收人类社会关于子女教育的传统知识，但因其严重缺乏针对性，不能兼顾自己子女的个性，故而难以取得家庭教育的最大化效果。三是漠视环境的变化，任由子女自由成长。在这种"大撒把"式的教育模式下，孩子虽然在成长过程中无拘无束，但是当长大步入社会之后，所谓绝对的自由就会成为"任性"，而"任性"在社会中经常遭遇各种理念、规范、界碑的制约、打断、围困。所以，简单的放养方式无助于子女的健康成长。

每个孩子的"善良意志"都是善良的，但当孩子面临错综复杂的成长境遇、面对各种各样的人生难题时，如果没有父母的正确指导，很容易走向岔路。要克服对基因认识不足或对环境变化认识不够所带来的困难，父母不能缺场，而是必须认真地分析和研究子女的特点，针对其以后可能面临的种种难题做出预案。子女具有不同的亲属倾向，不同的孩子喜欢与不同的家长在一起，但父母中至少有一位要全程陪伴孩子的成长。在父亲与母亲监护之间进行切换的时候，务必将孩子成长的各种信息交代清楚，比如，可以将孩子的身体成长信息、心理状态信息、社会活动信息等记录在成长日志中，直接将成长日志交给对方以完成对子女教育的顺利交接。父母是孩子最早的老师和最好的榜样。家庭教育方法不同于学校教育，不需要备课，而是以父母人生经验为资料，以言传身教的方式教给子女德性、知识和技能。春风化雨、润物细无声，从细微处、长远处、根本处全面提升子女素质。

教育子女需要明确的教育内容。

如果要用抽象的语言来概括子女教育的内容，那就是真善美。"真"是指符合客观规律的知识，"善"是遵循客观规律知识的价值取向,"美"是指按照善的要求去行为所形成的美好气质。有关如何烹饪的知识是真,在马路上遇到熟人应当打招呼是善,气质天真清澈则是美。由于子女的基因和之后的成长环境不同,每个人所呈现的真、善、美的程度并不一样。针对具体的差异化的主体,应当采取不同的教育内容并在教育内容的选择上有所侧重。一般认为,子女教育的首要内容是德性,或者更具体点就是所在生活环境中奉行的伦理规范。这属于个体的社会生命范围,因此颇受重视。但是这里存在的问题是,在不同的国度或地区存在的伦理规范是有差异的,其中存在着共同性的因素,也存在着特殊性的部分,同样道理,就两个家族、两个家庭、两个不同的年轻父母而言,他们对于伦理规范的"认知、态度、践行"情况也不相同,虽然其中也有基本的共识因素。这样一来,就要根据子女的既有素质和父母的伦理水平来进行衡量。山谷处无高峰,人高而声自远;根据具体情况去确定对具体子女伦理教育的投入量,从而使所有孩子都能在正常的伦理域值范围内生活而不会因缺乏正确的德性知识而陷入人生困境。实事求是来讲,并非所有的父母都有足够的有关善恶是非的知识,有的关于是非善恶的知识与真正的或作为普遍物的是非善恶知识相去甚远甚至相对,如果父母都不知道,孩子如何能知道?无论所在环境伦理风尚如何、伦理资源如何,身为父母者均需要自觉地学习伦理知识。"无伦理,则无实体";没有合格的父母,难有合格的子女;子女还要为父母,父母以后还有子女。如果说对子女的伦理教育是帮助人生确定正确方向的话,那么关于"真"的知识教育就属于能力的范畴。知识教育分为一般生活知识和专业技术知识,一般而言,在家庭阶段完成的,是关于一般生活知识的教育。但这对一般生活知识的教育,即关于衣食住行等领域的安全、知识、技能的教育也因家庭而异。父母所能做的,就是将一般生活知识中普遍适用的常识性的知识教给孩子,而对一般生活知识中那些因家庭而异的部分告知子女即可。子女是活的实体,其拥有自我保护、自我成长、自我发展的能力,其在成长过程中会自己学习、自己选择、自己决定，因此父母也无须为子女的成长过分担心。至于专业技术知识，则主要由社会中专门的机构、学校等负责，只有极少数家庭能够通过家庭传承等方式来学习专门知识。无论哪种专门知识，均以时代需求为最好，因为符合时代需求的知识最能促进社会和国家的发展。而对于子女的美的教育，很多父母也在进行，只是很多情况下并没有意识到这一点。让子女保持干净整洁的生活环境、穿衣服要得体、说话要恰到好处，每天要洗脸、擦桌子、扫地等看似小节，实际上都是有关美学的教育，在于使子女形成好的气质。教育无巨细，最终的目的还是让子女发现自己、自我成长。

我们看到巍峨起伏的连山笼罩在薄薄的暮雾之中，在半山腰的茅舍旁边坐着年轻的母亲和可爱的孩子，在一起昂着头数天上逐渐变明的星星；我们看到炎热的中午在齐腰高的玉米地的田埂上，一前一后走来了两个人，他们肩扛着锄头，前面是高个的父亲，后面是年轻的少年，父子二人刚刚从田间锄草归来；我们又看到在高速行驰的列车上，父母和孩子坐在同一节车厢，母亲大声呵斥孩子在列车上玩耍要注意安全并注意保持公共场合的礼仪，虽然这些对大人来说都是常识，但对顽皮活泼第一次乘坐火车的小孩来说，却是一个全新的世界；我们又看到在家里桌子的台灯旁，父母在给孩子批阅作业或回答孩子头脑中突然冒出的科学问题，虽然这些最基本的科学问题在大人的世界里也还没有形成统一的确定的答案，但父母还是尽量给出一种孩子能够接受的解释。当人长大以后，童年还没有得到解决的问题就被掩盖了，但其作为问题还是一代又一代地在孩子们的心中苏醒，它们唤醒了孩子们的好奇心、求知欲、创造力，促进了一代又一代人的成长和人类文明的进步。所有这些以及我们所看到的种种场景，无不令人感动地看到父母对子女的爱，我们看到了"天伦之乐"、"天伦之苦"以及超越苦乐之上的"家庭精神"。

# 第五章　现代社会婚姻的德性技术

婚姻美满是每个人对婚姻理想的追求，要达至婚姻美满的境界，需要个体探索其中的规律并将其落到实处。婚姻中既有清风明月，又有电闪雷鸣，既有敬老爱幼，又有共事稼穑。人成就了婚姻，婚姻成就了人。人重视婚姻又应超越婚姻。婚姻以及由婚姻所导致的家庭生活是人的现实存在，现实问题需要用现实手段解决。为此，夫妻双方应努力掌握婚姻中的德性技术，成为"婚姻的智者"，共同建设美好幸福的婚姻生活。

## 一、各司其职

大自然赋予了男女两性不同的角色和职责。一般而言，丈夫在家庭中起到引导作用和供养作用，而妻子的主要任务则是照顾家庭和创造愉悦。缺乏丈夫引领的家庭会扣动一系列连锁反应的扳机，出现与妻子交流障碍、家庭财政吃紧、父亲角色缺失对孩子的家教产生漏洞等问题；缺乏妻子照顾的家庭则会使婚姻实体感丧失，缺乏温暖、希望与快乐。丈夫应当使家庭成为一个美好的、舒适的、向上的、不断进步的场所，而妻子也应努力使婚姻家庭变得愉快。夫妻应共同努力，履行好各自的职责和使命。

（一）丈夫：爱和关心

一是要爱护和尊重自己的妻子。

丈夫应爱护自己的妻子。妻子期待源于丈夫的爱和尊重，建立一种充满感情的家庭气氛。当妻子获得爱和尊重的时候，便能在家庭中建立起自尊，培养出自我意识。如果丈夫不爱护和重视他的妻子，妻子就没有动力完成她在家庭中被赋予的任务。丈夫还应理解妻子在婚姻家庭中所承担的角色及其职责，尽力创造一个爱和尊敬的氛围。丈夫应该无条件地爱自己的妻子，爱是婚姻幸福和值得期待的重要元素。丈夫有责任像关心自己一样关心自己的妻子，因为丈夫和妻子已经不是分别存在的两个人，而已经变成了一个统一的新的自我。丈夫应当珍惜妻子并寻找最好的资源给她。丈夫应做好基于服务基础上的导引。有些文化认为，在婚姻中男子是女子的导引者。这并不意味着丈夫是主人而妻子是侍从。男女在婚姻中的分工是由自然、社会、文化等因素综合决定的，并不仅仅来源于文化的想象。从本质上看，男女之间是一种平等的合作。丈夫只有首先履行自身的家庭职责，才会赢得妻子的尊敬和遵从。丈夫应通过言语、耐心、纯洁、忠诚、严格自律的品质来体现一个男人的人格魅力，并鼓励孩子和妻子不断地追求精神境界上的提升。

　　丈夫应找时间多和妻子在一起。当丈夫有意识地从繁忙的工作中抽出时间与妻子共进晚餐的时候，妻子会有强烈的被爱感。实际上，这意味着丈夫必须做出某些牺牲，或放弃某些他非常喜爱的事情，比如在俱乐部里看足球比赛、和朋友游逛等，以便腾出时间和妻子在一起。夫妻之间的陪伴行为，对维系良好的夫妻关系非常有利。对妻子来说，她会感觉到她对丈夫很重要。妻子喜欢被注意，与丈夫一起行动并为此感到满意和确定有爱。当丈夫在家庭事务中予以协助的时候，比如准备一顿饭、洗碗筷，等于在向妻子传达一个重要的信息——"他对让我高兴具有浓厚的兴趣"。妻子期待源于丈夫的快乐，丈夫有义务满足妻子的各种需要。一些男性以"男人就该在外面挣钱"为由，疏于对家庭的照料，其结果是使妻子受到冷落，这无助于婚姻的圆满。如今在北欧诸国，男性分担家务、分担养儿的义务，和妻子同等地追求事业发展，已成为司空见惯、自然而然的事情。"奶爸"被社会认可和鼓励，不会被认为是丢面子或无能。人们还意识到，有父亲全程参与照顾和教育的成长过程，对孩子更能造就健全的人格。

二是要了解并努力满足妻子的各种需要。

妻子期望丈夫能满足其基本需要。这些基本需要包括以下方面的需要,即衣服、食物、水、住所、安全、使孩子接受好的教育等。妻子在基本需要方面与丈夫不完全相同,在某些方面具有特殊性,因此应特别地予以注意。

身体需要。妻子要求有来自其丈夫的有意义的接触,借以确证他们对彼此非常重要并相互爱恋。每个做丈夫的都应该明白哪种接触对他的妻子更能发挥好的作用。绝大部分妻子喜欢有一个拥抱、接吻,或者仅仅是握手,将其作为一种体态语言来表明她们对自己的丈夫很特殊、是具有特别意义的人。进行一个"拥抱",等于丈夫在对妻子说:"我以你而自豪;我关心你;我将保护你;你对我非常重要。"过去人们认为,拥抱就是拥抱,没有特殊的含义;但是现在人们发现,拥抱其实蕴含着许多无声的语言。接吻或握手也同样具有类似的意蕴。但是,有些丈夫很害羞,他们只是悄悄地看一眼自己的妻子而并不拥抱、接吻或握手,对这种情况也应当理解,因为其性格特点、所在环境、所受文化熏陶、夫妻约定、家庭交流习惯等不一样,因此表现也不同。但丈夫还是应重视妻子的身体需要,树立基本的爱护意识。

经济需要。在传统社会,丈夫是家庭基本需要的天然提供者,这不仅局限于提供金钱,还包括对家庭经济活动的理智的引导。妻子们都希望自己的丈夫能够努力工作,希望丈夫能坚定地供养家庭,并对丈夫为了保证家庭开支而努力工作的行为表示欣赏和感激。妻子们希望丈夫在家庭财产上能够透明,期望丈夫能对她们的财政需求予以积极的反应。有些妻子因为丈夫在财政事务上的不合作态度而经受着经济上的煎熬。在现代社会,许多妻子也在努力工作供养家庭,传统的"男挣女花"的家庭财政格局有所变化。其中关心妻子或配偶的基本思想不宜改变。实践中我们发现,在家庭财政透明的精神下,由妻子掌握家庭支出权和购买权的格局,更能使家庭得到较高的生活质量。

情绪需要。妻子有大量的情感需求。情绪本身无所谓好坏,因为它是人的一种功能。作丈夫的有义务知道怎样对待妻子的情绪，并予以正确的引导。丈夫应及时发现妻子情绪的变化，探究引发妻子情绪变化的原因，发现哪些事情会使其开心、又有哪些事情增加了妻子的焦虑和担忧，努力消除导致不良情绪产生的原因，保留或创造导致良好情绪产生的因素，不断地给妻子以爱护、关心，通过聆听妻子的担忧、快乐、需要和愿望等方法来保障妻子的"情绪油箱"永远饱满、积极向上。丈夫应该接受真实的、全面的妻子，既要接受她的优点，也要接受她的缺点。丈夫还要同时做好自己的"情绪管理"，才能有效地给妻子以帮助。心理学意义上的情绪管理首先是自我情绪管理，然后才是针对不同对象、不同场景、不同层次的情绪管理。情绪管理中容易发生的现象是"踢猫效应"，即不良情绪总是向比自己弱的个体、群体或层面传递或扩散，它是最需要避免发生的效应。

三是要和妻子一起坚持正确的人生方向。

丈夫和妻子构成的婚姻实体，其活动范围并不仅仅局限于家庭，而是要走向社会。而现代社会为人们提供了多种多样的选择，小到消费品的类型，中到所处行业，大到人生道路，无不面临选择问题。在选择过程中，没有一个丈夫会将自己的妻子指向歪路，除非是由于他自己根本就分不清是非对错；没有一个丈夫不希望自己的妻子过得美好，除非是他自己正在奋斗途中尚未达到照顾妻子所需的能力目标要求；没有一个丈夫眼看着自己妻子遇到危险而不挺身相救，除非他自己早已身不由己或失去能力。外部的定在规定不了婚姻的实质，婚姻的实质由内在的定在规定。无伦理，则无成功的婚姻；无道德，则无幸福的婚姻。没有人生正确方向的家庭是失败的家庭，没有正确人生方向的婚姻是失败的婚姻。无论是权威型丈夫、随和型丈夫，还是综合型丈夫，身为丈夫者必须明辨是非对错，以身作则，坚决彻底杜绝各种不良愿望、不良习惯和不良行为，并引导妻子和家人坚持善良、正直、宽容、光明的人生道路。

## （二）妻子：照顾和创造愉悦

妻子应当利用好孩子出生前的这段时光。此时，他们的时间还没有被子女所消耗，因此可以尽情享受沉浸在二人世界的快乐。这段时间也是夫妻双方开始认识彼此的亲戚朋友的时期，他们因此拓展了熟人圈子。她可以利用这段时光与熟人们轻松相处，还可以在这段时间努力发展自己的事业。一旦育有子女，妻子就面临更加多样的使命。

一是平衡好职业与家庭的关系。

如果一个社会重视生命的延续和下一代的教育，照顾家庭就会被视为一项重要的工作。照顾家庭是夫妻双方共同的责任，但双方在分工上需要协商。母亲在照顾孩子方面具有得天独厚的优势，但在现代社会中，女性也往往承担着大量的社会工作，所以女性就面临着在职业和家务之间的平衡问题。

在经济相对发达的工业社会中，阻碍女性取得与男性相当的社会地位和经济成就的最大障碍，不再是体力和受教育的机会，也不是观念上的歧视，而是生育和抚育后代的负担。如果社会制度不能给予女性在生育方面足够的保障，就很难实现真正的男女平等。20世纪初，西方国家曾涌现了一场成功的运动，强迫雇主向男性支付更高的工资，好让员工的妻子不必工作，这就是"家庭工资"运动。社会改革家非但不希望女性加入劳动力大军，还支持完全相反的做法：让妇女离开就业市场，花时间和孩子们在一起，靠收入更高的丈夫来抚养。后来，伴随福利国家的崛起，福利金取代了男性养家糊口的角色。目前，放眼全球，社会福利更好、女性无须为照顾家庭孩子分心的国家，女性工作比率更高，获得稳定、高薪工作的机会更大，男女薪酬比更接近。比如，北欧国家除了足够的带薪产假（休产假期间，公司必须保留职位），国家也提供免费的托幼设施，妈妈们基本没有后顾之忧。在瑞典，有新生儿后，可以享受最长达480天的带薪产假，叫作"父母假"，既可以妈妈休，也可以爸爸休，如果父母休假平均，还有1万多元的津贴（bonus）。孩子出生的时候，父亲还有两周的全薪产假，既让父亲更多地分担抚育孩子的责任，又减少了公司雇用女性的劣势，保障女性的事业诉求与事业发展连贯性。在我国，已有一些有识之士联名呼吁强制男性产假立法，让男性强制承担陪护责任，这是争取男女平权的努力。

此外，在多子女的情况下，职业母亲急需来自外界的帮助。因此，社会应大力鼓励家政服务机构和家政市场的良性发展，以便降低寻找合适保姆的难度，这对职业母亲也是一种莫大的帮助。例如，20世纪50年代初期，我国很多单位、街道建立了哺乳室，女职工还可以把孩子放在厂属幼儿园，解放了工作时间。这为妇女参加社会劳动提供了坚实的保障。丹麦有最好的儿童看护机制，80%以上有宝宝的妈妈都有工作，家庭财政方面，有宝宝的女人贡献了34%~38%的财政来源。

在既定的社会制度安排下，如何减少职场与家庭的矛盾，仍需要女性运用自身的理性做出抉择。一些年轻母亲将家庭放在第一位，不惜牺牲职业的发展去照顾孩子，这无损于她的尊严和荣誉，因为她不是被丈夫强迫的，也没有受到"女性一定要相夫教子"的传统观念所束缚，她只是为了将家庭的价值传递给子女。另一些妻子基于对家庭税务和家务劳动等收支情况的权衡，选择了和丈夫手拉手的工作，以确保孩子有一个好的生活基础。这些妻子的选择虽不同，但都是基于对自身情况的理性分析后自愿选择的结果，因此都是值得尊重的。

平衡家务和工作需要很高的技巧。为了避免顾此失彼，职业妇女需要做出理性适当的计划。当孩子还小的时候，可以减少工作时间，或放弃在职业上承担更多的岗位责任；等孩子的独立生活能力增强以后，母亲再去实施自己的职场规划。年轻的母亲在照顾子女这一段时间，还可以选择一些兼职工作。研究表明，在家照顾子女的母亲可以从事以下项目以进行力所能及的创收。（1）经营一个中介；（2）作咨询工作；（3）法律顾问或心理咨询；（4）美容服务；（5）手工；（6）直销和网络销售；（7）图书管理；（8）衣服制作；（9）饮食服务；（10）形象大使；(11) 照顾儿童；(12) 网页设计；(13) 用你的计算机挣钱；(14) 邮件分拣；(15) 辅助治疗；(16) 活动组织者；(17) 公关和咨询；(18) 教学；(19) 自由作家写作；(20) 室内设计。这些兼职的基础性工作虽然报酬未必如职业工作那么稳定、专业和高端，但也是社会须臾不可缺的。正是因为这些细微，才成就了巨大；正是因为这些平凡，才成就了辉煌；正因为这些低端，才成就了高端。所以，应充分尊重年轻母亲的劳动，尊重她们为社会所做的贡献。

二是处理好亲戚关系和家庭关系。

无论是丈夫还是妻子，亲戚的名单总是很长的一串。亲戚和朋友一样重要，而且不可能拒之门外。夫妇必须努力保持亲戚之间的友好关系，就像保持好朋友之间的亲密关系一样。妻子处理亲戚关系的方式决定了丈夫是否能够接受这些亲戚。如果她能将自己一方的亲戚们当作值得尊敬的人并珍视彼此友谊，她的丈夫也会这么做；如果她带给丈夫的印象是她不尊重这些亲戚，她的丈夫也就会变得不尊重这些亲戚。同样的道理也适用于丈夫一方，丈夫对其自身亲戚的态度影响着妻子对丈夫亲戚的态度。

与亲属关系处理不好，是婚姻存在问题的指示器。民政部调查显示，很大一部分人选择离婚，与一方或双方的原生家庭（双方父母）对新的"核心家庭"（小夫妻）的过度介入有关。比如，在民政部关于年轻人为什么不结婚的调查中，有的参与者写道，"我们的婚姻中参与的人太多，而我们都没有成长到有能力把他们请出去"[1]。家庭关系是一个令人头疼的渊薮还是幸福的源泉，完全取决于处理它的方式。年轻的夫妇必须学会处理家庭关系，他们应当作为一个团队夫行为。大部分新婚妇女抱怨她的婆婆很专横并且经常干预自己小家庭的事务，这种情况的发生十之八九是因为年轻夫妇还没有对此作好应对的准备、还没有能

---

[1] 罗勒：《民政部：结婚人数连续5年下跌，90后究竟为什么不结婚？》，载 https://baijiahao.baidu.com/s?id=1605618831084660915&wfr=spider&for=pc。

够独立地承担自己小家庭的事务。夫妇双方的亲戚因为与夫妇各自之间存在血缘关系，加之亲戚本身的情况多种多样，所以很容易对夫妇同盟产生这样或那样的影响。新婚夫妇尚不能从他们与亲戚的关系中独立出来。譬如，年轻的妻子在遇到小问题的时候，经常去找她的姨妈来帮忙。因此，新婚夫妇不但需要处理好亲戚关系，而且要从中解脱出来独立生活，这样才能避免其中的痛苦、敌意或所带来的不安。

此外，良好的亲戚关系对于教育子女有着不可或缺的作用。这些亲戚是孩子能注意到的家庭中最早的朋友，这对于他们观察为人处世、学习社交之道非常重要。家庭就是一所学校，子女在成长过程中一直在观察着家庭的成长。祖父母辈对孩子的成长非常重要，他们为孩子们提供冷静的、成熟的、无条件的爱；对孩子们来说，他们就是生活的证据。妻子对待祖父母的态度对她的孩子来说是一个重要信号和一堂重要课程，它实际上是在告诉孩子："这是对待年长者的方式。"妻子对待婆婆或公公的方式，就是她期望其子女在变成儿媳或女婿之后对待其婆婆公公或岳母岳父的方式。这种潜移默化的影响十分巨大，以影像的方式预先储存在了子女的记忆芯片中。

三是照顾好家庭日常生活。

一个家庭的甜蜜并不仅是打开天窗让阳光洒进来，美丽的阳光不能与家人的笑脸相媲美。一个成功的妻子就是通过各种活动的开展，努力使喜悦弥漫到家庭的每个角落。她知道用一种甜蜜和可爱的方式跟丈夫说话，她知道她的态度是能够传递的，无论是传递快乐还是传递悲伤。她怎么能实现快乐的境地呢？她要让其心情保持一种平静状态，即使在暴风雨肆虐的时刻也是如此。一个成功的妻子知道使爱的火焰一直燃烧。为了使生活更迷人，爱的火焰不能熄灭，为此，需要不断地向炭炉中添加木料。妻子通过细微的关爱举动来实现这一点。她对丈夫的一个深情的拥抱、对婴儿的一记轻吻、对儿女家庭作业关心的一瞥，都是对爱的加持和维护。

一个优秀的妻子知道在苦难时期展示出其勇气。一个睿智的妻子知道，如果她将房里的每一个角落打扫干净，那就意味着她明天不用打扫了。她知道，小额账单还是一次性支付为好，拖延会加重精神负担。她藐视有害的同龄人和不良的社会压力，坚信其所坚信的。要事事和邻居保持一致吗？非也。和邻居攀比不是一个好妻子。亲戚或朋友的家庭也许在努力购买豪宅名车，同时却降低孩子教育的质量和日常生活质量。一个有远见的妻子不鼓励丈夫进行如此的消费，而是帮助他专注于发挥目前的特长。她爱她的丈夫，并不因为他遇到困境而放弃他。她明白婚姻的真谛，对于那些吹嘘自己结过三四次婚并试图阻止人们坚守一个婚姻的"时髦"流言蜚语，她不会就此低头，她知道这样做无非是花一生的时间从这段婚姻徒劳地跳跃到另外一段婚姻。

　　一个成功的妻子要学会照顾一家人的饮食起居，并以照顾家庭和使家庭成员高兴为自豪的事情。作妻子的应当尽量为家人选择新鲜的食物并且吃符合时令的食物。共同饮食是人类的自然习惯，也是一个家庭的重要活动。在现代社会的快节奏之下，家庭成员共进早餐和晚餐，是一天中难得的温馨时刻，也是一家人分享喜悦、向子女传授餐桌礼仪的绝佳时机。作为良好的家庭关系和伦理关系的维护者与实践者，优秀的妻子大多会热诚地欢迎亲戚朋友来家中聚餐。此外，一个成功的妻子要给家庭成员制定严格的作息时间表，并提供各种可行的建议、方法保证家庭成员的身心健康。其实，家庭幸福和愉快无外乎取决于一些小事：一是按时作息，二是家中做饭，三是夫妻沟通。这看似平淡无奇的三件小事，如果能坚持长久，那么妻子一定是好妻子、丈夫一定是好丈夫，而家庭一定是好家庭。

　　下面两个例证展现了两种不同的家庭风格。

　　安娜非常喜欢和家人一起吃饭。她准备的食物未必精致，但是很合胃口，简单的食物让她做得花样百出。在餐桌上，她发起的对话让家庭成员乐于参与并喜悦不已。她分享儿子在语言课上取得的成绩，她关心女儿的学业分数，她询问丈夫这一天在办公室的感受。她不允许孩子们狼吞虎咽地吃完饭就跑出去玩，而是要求他们等到大家都吃完才能离开餐桌。安娜还喜欢邀请亲朋好友来家里聚餐，宾客们在饭桌旁轻松地交谈并不时爆发出笑声。通过这些细小但坚实的行为，丈夫和子女都感受到了来自她的爱，他们都非常渴望回家，她的丈夫由此能够专注于工作而给家里挣来更多的收入。

那娜的家中一尘不染。她在大学里学的是艺术与家政管理专业，并把这种专业知识在家里进行实践，那娜把家搞得更像一个展厅而不是家。如果将亲戚朋友邀请到家里吃饭，她会觉得痛苦万分，因为客人会搞乱她家物品的摆放顺序。她觉得丈夫和孩子很烦，对他们一直保持冷淡。她特别关心自己化妆，老觉得孩子们在干扰她化妆。那娜的孩子们觉得与保姆在一起吃饭都比跟她在一起吃饭轻松愉快许多，她丈夫非常高兴能"外出挣钱"而不愿在一周的任何一天早回家。

安娜家和那娜家是两种截然不同的家庭风格。一个具有很强的亲和力，充满了温馨和喜悦；另一个亲和力很弱，充满了冷漠与疏离。而在造就这种家庭风格的过程中，女性起着至关重要的作用。家庭是女性的自然偏好，社会是男性喜欢的舞台。一个家有无亲和力、亲和力能够持续多久，很大程度上取决于女性的特点、风格和努力。家能否称为家，也是女性起决定作用。为了维系一个愉悦的家庭，妻子必须先成为愉悦的人，而妻子如此重要，做丈夫的一定要真心爱护自己的妻子。

## 二、舒心交流：语言美

婚姻中的交流被理解为配偶之间不间断的信息流，它是爱的思想和感受之流从配偶的一方传递给另一方。在交流中，用语的选择非常重要。虽然我们可以通过手势、面部表情进行交流，但这些手段在传递信息方面有局限性，所以语言发挥着不可替代的重要作用。在夫妻之间的交流过程中，言语可以带来伤害或平复、鼓励或泄气、平静或烦躁等不同的作用。基于对美好婚姻的向往，伤人的词语不可在配偶之间使用，例如"你的气味很难闻""你所做的是你的义务，这是我的权利。""你活该""你闭嘴"等话语就很容易伤人，引发配偶之间的口舌战争。对于事实问题，可以采取一种委婉的表达方式；对于观点问题，可以采用平等协商的做法；对于意识问题，可采用春风化雨般的双向交流方式。在婚姻领域，许多人并不会说话，也分不清在什么时候、什么场合、对什么人、什么事说什么话，而只是凭着本能由着性子来。每个人是独一无二的，个体的思维模式、语言习惯、表情特点并不一样，因此希望所有个体在婚姻中都采取同一种说话模式是不可行的，这里存在着对个体差异尊重的哲学理念。但是，漫长的人类婚姻史也积累了丰富的婚姻用语经验，有些话语是能够学会使用的。我们主张用积极乐观的话语，让配偶舒心、充满信心。

根据对中外学者婚姻生活思想的探索、继承和反思，我们认为以下几句话是值得在婚姻生活中经常加以使用的。

(一)"谢谢"

每个人都需要其他人，没有人能够独自攀登生活的层层阶梯。在互助的过程中，每个人都希望能得到感谢。然而，多数人忽视"谢谢"这个词语。那么，人们为什么不说"谢谢"呢？一是由于"权利心态"的影响。许多人认为他们得到的都是理所应当的，因此不需要感谢任何人。实际上，即使权利本身也是可以被否定的，那么，为什么不向并不否定你权利的配偶表示感谢呢？二是由于"怒气"。如果一个人不能克服自己的愤怒情绪，让他感激自己的配偶就会变得比较困难。三是由于不懂感恩、不知足。许多人从来不满意他们已经拥有的东西，觉得他们理所应当地得到更好的东西。四是由于"完美主义者倾向"。一个"挑刺者"总是寻找可以进行批评的地方，自以为可以用更好的方式做事情，因此对任何人所做的事情都不屑于去感激。

"谢谢"一词很简单，但效果令人惊奇。它给接受者带来了最佳状态，也因此使给予者产生说更多"谢谢"的愿望；它激励施予者具有更多的高尚行为，同时使施予者感觉快乐。要想由衷地表达感激，对于主体的修养和素质提出了较高的要求。它要求将别人为自己做的事看作一种优待而不是一种权利，要求主体在任何情形下更加关注事物积极正向的一面，即使存在一些瑕疵，也要欣赏那些比较好的部分。

许多夫妻没有意识到他们的相互感激对一个成功的婚姻是非常重要的事情。很多人认为一家人不说两家话，他们会感谢家庭之外的成员，但是却从不感谢配偶、孩子和亲友。显然，这是一种盲区和误区。那么，"谢谢"一词在婚姻中有什么功用呢？"谢谢"使配偶受到激励和鼓舞，能够温暖彼此的心，从而能加深爱情，使配偶之间的关系更加亲密。它还有利于提高生活中诸事项的执行效率。因此，应欣赏配偶的善行，哪怕是"小的善行"也不应忽略。如果这些小的善行能够被坚持，就会发现其内在的重要意义。当丈夫回家发现厕所被刷洗得很干净时，应当感谢妻子，否则，有一天就会出现厕所非常脏乱的现象，那么，为什么不对妻子说一声"谢谢"呢？

在如何向配偶表示感谢方面，是有方法可循的。要使感激的氛围贯穿在婚姻始终，男女双方各由于以下理由或在以下情形中应当学会感激和说"谢谢"。

表 1 夫妻应当互致谢意的情形与理由

| 丈夫应当感激妻子的情形与理由 | 妻子应当感激丈夫的情形与理由 |
| --- | --- |
| 1. 因为在子宫中怀有你们的孩子，因为她在孕期所承受的一切 | 1. 因为他爱你，接受真实的你 |
| 2. 哺乳婴儿、照管孩子时 | 2. 支付住宅的租金、水电费、日常消耗支出，以及供养家庭 |
| 3. 为你准备食物、拿水给你喝、伺候你时 | 3. 帮助你做家务劳动 |
| 4. 清扫房间、做家务时 | 4. 帮助你照顾和抚养子女 |

续表

| 丈夫应当感激妻子的情形与理由 | 妻子应当感激丈夫的情形与理由 |
|---|---|
| 5. 因为她嫁给了你，一直忠诚于你 | 5. 因为和你结了婚，不会因为另外一个女人而抛弃你 |
| 6. 因为她的爱和支持，接受了你并尊敬你 | 6. 回家早，不当酒鬼 |
| 7. 勤俭持家，不乱花钱 | 7. 带小礼物给你 |
| 8. 聆听你的倾诉 | 8. 聆听你的倾诉 |
| 9. 因为夫妻生活 | 9. 支持你的职业进步 |

表达对配偶的感谢有多种节点和形式，一般可以分为日常感谢、特别感谢、深层感谢和公开感谢四种。日常感谢是指配偶在日常生活中做了一些很常见的事情而表示的感谢，例如，当妻子给丈夫准备了一杯水让丈夫喝的时候，丈夫就可以对妻子说"谢谢"以表示感激，这样以来，受到感谢者往往会在将来做得更多。特别感谢是在生活中配偶完成了某项重要事情的时候应当表示的感谢。例如，当丈夫想方设法给孩子筹足了海外留学的学费时，妻子就可以拥抱丈夫并说："亲爱的，谢谢你为我们的孩子交上了学费。我真的很感激你，你是一个好父亲和好伴侣。"这种情况就属于特别感谢。深层感谢不同于日常感谢和特别感谢，它是对配偶长期以来一贯良好的表现和行为所表示的感激。例如，夫妻可以在一年的最后一天、结婚纪念日、在彼此的生日、在父亲节或母亲节等特别的日子里相互表达感谢，感谢彼此为对方所做的一切，感谢对方的爱与忠诚、陪伴与关心。深层感谢在性质上具有浪漫性，因此往往是配偶之间在紧闭的房门之后进行，这可以称为"罗曼蒂克的感谢方式"。公开感谢是指在公开场合，在孩子和家人面前、在朋友和同事面前，向配偶表达感激之情，从而让全世界都知道你是多么愿意和他（她）在一起生活。公开感谢本是一种正常的健康的表达感激的方法，但在有

些场合下，公开示爱会被当作"作秀"，或者令单身人士感到尴尬、嫉妒，这时就要换成其他更为含蓄的方式。无论使用哪种表达感谢的方式，感谢配偶的话语可以在任一时间进行，可以通过电话、写信、电子邮件、明信片、小纸条、发短信、微信、QQ等传统的和现代的沟通交流方式进行。

（二）"我爱你"

还有一个令婚姻极度热烈的词语，是"我爱你"。配偶之间必须通过不断地说"我爱你"而确证彼此之间的爱。说这句话的时候必须是真诚的和发自内心的，这句话不是一种机械的呆板的表达，而是要消除疑虑使人安心。"我爱你"这句话经常是挂在恋爱中的男女嘴边，但在结婚之后，这句话就似乎没有必要了。实际上，依照现实的婚姻心理分析，婚后比以往更需要表达"我爱你"。

妻子希望每一分钟都爱她，需要确证和时刻感受到丈夫对他的爱。特别是当她怀孕后、生育后，那个曾经苗条可爱的女孩变成了一个"肥胖的妈妈"，她想让丈夫重申对她的不变的爱；当她未能达到丈夫的期望的时候，譬如当她将一锅汤炖坏的时候，她需要丈夫确证对她的爱；当工作、职业、社会活动等占据了丈夫绝大部分时间的时候，她想知道他是否依然爱她；当她年轻充满活力的躯体逐渐衰老，当她不能使丈夫的生理冲动得到满足的时候，她想知道他是否依然爱她。同样地，丈夫也需要和渴望确证来自妻子的爱。当他犯了人生中严重的错误的时候，当他没能达到妻子要求的标准时，当他没有履行好身为丈夫的义务时，当他从一个曾经健壮英俊的小伙子变为一个衰老虚弱的老年人时，当妻子将其全部的注意力放在新出生的孩子和自己的工作上，他发现从妻子那里获得一个拥抱都变得十分困难时，他都想知道妻子是否还爱他和珍惜他。

"我爱你"这句话具有重要的作用。它能移出婚姻中的冷漠，带回爱情之火，它能将爱所受到的侵蚀赶走，使夫妻感情更为美好，它能消除对爱情的怀疑和恐惧，将愉悦注入爱情，它能使两颗心相连互通,促进家庭稳定,带来快乐和保障,它能加深夫妻双方对婚姻的共同理解,从而激励彼此走完婚姻中所剩余的里程,它能抹平充满痛苦的牺牲,创造一种良好的生活氛围,它能培育夫妻之间互相爱慕的和谐气氛,避免分离和隔膜。"我爱你"这句话打开了感情洪水的大门,它是确证的、美好的、令人愉悦的,它能够使婚姻恢复到"婚姻普遍物",使婚姻依照其本来的美好样态而在世成长。

"我爱你"这句话要经常说。当他或她早上要出门的时候,拥抱你的爱人并且说"我爱你";当她疲劳了一天之后准备休息的时候,靠近她的耳边轻轻地说"我爱你";给他或她往办公室打电话只是为了说"我爱你",这是对工作状态的配偶的最大鼓励;当她在厨房里为一家人准备食物的时候,轻轻地从背后拥住她并说一句"我爱你";和爱人一起旅游的时候,把手放在他或她的腿上并且说"我爱你"……"我爱你"是配偶之间百听不厌的话语。需要注意的是,"我爱你"这句话必须真诚地发自心底地说,而不是在你喜欢和妻子在一起的时候才说,也不是当你想从丈夫那里需要些什么的时候才说,更不能用"我爱你"来欺骗配偶,不要取笑性地说"我爱你"。

"我爱你"的表达方式不仅仅是语言,还可以用文字。用言语表达最直接,如果同时还用书面语言予以多样化的表达,那么婚姻更会生机盎然、充满喜悦和幸福。有怎样的书面语言的表达方法呢?写在一张小纸条上通过卫生间的钥匙孔递给配偶、写在一张大纸条上并用胶带将其粘贴在家庭汽车的方向盘上、写在一个小礼物上寄送到配偶的办公室、设计或购买一个手工的问候卡写上"我爱你"寄送给你的爱人、握着他或她的手在手掌上默默地写"我爱你";发一个专门表达"我爱你"的短信或邮件。

总之,不要让婚姻中的爱情之火熄灭,要小心翼翼地保护它、给它加油。婚姻的本质是使人愉悦,不是给人带来痛苦。"我爱你"就是在召唤愉悦。

### (三)"对不起"

"对不起"是一句非常美好的话语。如果纠纷中的双方能鼓起勇气说一声"对不起",那么就可能化干戈为玉帛,相逢一笑泯恩仇,甚至能终结战争的硝烟。"对不起"也是婚姻生活中经常使用的词语。如果配偶一方或双方能出自内心深处真诚地说一句"对不起",家庭暴力很可能就不会发生,婚姻破裂的情况也会少得多;如果挥霍无度的儿子对父亲说一句"对不起",他很可能就会被重新接纳并有机会改正自己的不足。绝大多数男人自高自大不肯道歉,但一旦做错即能够道歉恰恰反映了真正的男子汉品格,反映出男人的正直。同理,道歉反映了一个女人正直宽容的优秀品格,反映出女人良好的家庭教养,反映出女人的"坤德"。一对成熟的夫妇,必然是学会说"对不起"的夫妇;小孩儿不会说"对不起",所以婚姻不是男孩和女孩的冲动结合。如果你冒犯了你的配偶,去找他或她真诚地说一句"对不起",求得对方谅解,就会消除折磨和羞愧而归于正常的婚姻状态。

然而,现实中的人们经常由于以下原因而拒绝道歉,这些原因主要有:愚蠢、傲慢、固执、愤怒怨恨、复仇心,将自己的配偶和别人做比较,自我反省精神的缺乏,自我的独立意识,关于婚姻的错误观念,错误的信息、第三者的干扰。拒绝道歉会导致婚姻陷入无休无止的争吵、诅咒和唠叨之中,最终可能导致家庭暴力、分居、离婚的结果。能够道歉反映出一对夫妇的成熟度,它会不断增进爱情,修复感情裂痕,排除激烈的争论、平复愤怒,终止家庭战争、促进婚姻成长,防止分居和离婚。对你的配偶说一声"对不起",这不会对你造成任何伤害,反而有利于你在伦理境界内的成长。

那么,道歉有哪些种类呢?根据其主要特征,可以分为五类,而最后一类才是真正的道歉。第一类是随意型道歉。这种道歉是为了道歉而道歉,不是认真的。就像这样:"噢,冒犯你了,对不起呀。"这种道歉并不能平复被冒犯一方的情绪。第二类是中止型道歉。当丈夫从工作中回家后,发现房间里乱七八糟,他不禁开口对妻子说:"你为什么非要把马扎儿放到椅子上,又把盘子放到电视机上呢?"这里,妻子迅速走过来说"对不起、对不起、对不起呀。"这种对不起只是为了让丈夫停止数落,不是真正的道歉。应当让被冒犯者说出其全部的想法,然后去真诚地道歉。第三类是重犯型道歉。这种道歉不是为了日后的改正或改善,而是在道歉后继续重复做那些引起道歉的事情。这种道歉也是没有实际意义的。如果说了"对不起",就要真诚地彻底地改正错误的行为。第四类是和平型道歉。这种道歉是配偶一方根本不明白自己究竟错在哪里,也没有准备改变这些所谓的错误,只是为了获取和平"给安宁一个机会",因此也没有实质性意义而仅仅是一种形式上的表白。当道歉时,必须知道自己究竟是哪里做错了、纠正并改善它。第五种道歉称为真诚型道歉。这种道歉的表达方式一般是"我知道我错了。对不起,请原谅我"。这是完备的真正的道歉,也是最为有效的和需要提倡的道歉方式。我们应当学会使用道歉这种有效武器去呵护好自己的婚姻。

(四)"我原谅你"

原谅意味着宽恕或表示慈悲,不再对冒犯者持有报复或惩罚的愿望,也意味着对冒犯者不再持有冷酷的感情。在婚姻中,配偶之间相互不冒犯是不可能的,因此原谅就是必需的。原谅是婚姻快乐、和平、进步和稳定的基础,"我原谅你"是推动家庭发展的重要话语。如果不能原谅,会使自己的愤怒和心理创伤难以平复,久而久之,就会抑郁成疾,对于婚姻来说,则会限制生活的范围,破坏爱和友情,致使分居或离婚。类似事例在现实生活和文学作品屡见不鲜。如果能原谅,就能结束战争、促进配偶之间更好的相互理解,培育一个和谐的家庭。"得理不饶人"不能带来永久平静,原谅和忘记才能带来长期快乐。

那么,如何做到原谅他人呢?需要在以下一些方面自觉加以努力。

**表 2　原谅精神的践履法则**

| | |
|---|---|
| 1 | 时刻记住"人无完人",所以包括你、配偶以及所有人在内都有可能犯错误。因此,要具备原谅精神 |
| 2 | 记住,犯错属于人的世俗行为,而原谅属于人的高尚行为 |
| 3 | 理解原谅和忘记的意义,永远不要再提起冒犯之事 |
| 4 | 记住,原谅对你具有巨大益处;如果缺乏原谅,将影响你的境界,阻碍你的进步 |
| 5 | 当发生误会、纠纷和摩擦时,做首先进行和解的一方 |
| 6 | 如果你发现原谅他人很困难,就将自己关在房间里反省三天 |
| 7 | 你想配偶怎么对待你,你就首先怎样对待配偶 |
| 8 | 永远不要对你的配偶抱以恶意、怨恨和仇恨 |
| 9 | 学会积极思考的艺术,从乐观方面看待配偶所犯的错误。如果你的配偶犯了错误,要就事论事,切忌胡乱联想或放大其错误。要把伤害变成幽默,把怨恨变成玩笑 |
| 10 | 掌控你的意识,不要让邪恶利用你的心破坏你的婚姻家庭 |
| 11 | 经常为你的配偶祝福 |
| 12 | 去掉愤怒,发怒只会使你失去理智 |
| 13 | 去掉自傲,自傲只会使愤怒延长 |

(五)"一切都会好的"

每个人在生活中都需要赞美和鼓励,所以我们经常说"你能行""你能做好""我相信你""我会支持你""我是你的后盾"等鼓励性话语。这些话语在婚姻中同样适用,它能使你的婚姻更为完美。积极的鼓励能带来积极的效果;你说什么,你就会收获什么。婚姻家庭生活会遇到不同的发展境遇,有很多高山要攀爬、有很多苦难要克服。有了配偶之间的相互鼓励与扶持,所有生活的风浪都会平息和过去。当家人生病的时候、当职业发展遇到瓶颈的时候、当家庭财政出现赤字的时候,我们需要配偶告诉"一切都会好的"。

当一个男人或女人遇到问题的时候,他或她会去找谁说?丈夫和妻子必须共同承担所遇到的困难。婚姻中遇到的难题不要对外人说,除非经过了配偶另一方的同意,或者解决该问题的所有努力都已经尝试但仍没有奏效。对于婚姻内部的问题不要轻易给第三人说,因为第三人并不了解当事人之间的具体情况,如果贸然给出意见,很容易使婚姻中的问题更加糟糕。当夫妻一方遇到困难的时候,应当首先向自己的配偶倾诉,而配偶无论是否有能力解决这个问题,都应当迅速对爱人说:"一切都会好的。"如果夫妻双方经过努力仍旧不能解决问题,那再在商量之后向值得信任的、令人尊敬的人求助。而任何人都应当对遇到困难的人予以鼓励,多多赞美和赞赏,帮助遇到困难的人分析其有利条件、不利条件和所面临问题的核心难题,然后想方设法予以帮助,争取解决所遇到的问题。当然,婚姻领域与生活中其他领域一样,总有解决不了的问题存在。因为人的愿望是无穷的,而世界所能提供的客观条件却是有限的,当主观与客观发生矛盾的时候,最终还是要实事求是地解决问题。

## 三、从"我"到"我们"再到"伦理精神"

恩格斯在《家庭、私有制和国家的起源》中对人类的婚姻历史进行研究后曾说:"这样,我们便有了三种主要的婚姻形式,这三种婚姻形式大体上与人类发展的三个阶段相适应。群婚制是与蒙昧时代相适应的,对偶婚制是与野蛮时代相适应的,以通奸和卖淫为补充的专偶制是与文明时代相适应的。在野蛮时代高级阶段,在对偶婚制和专偶制之间,插入了男子对女奴隶的统治和多妻制。"[①] 过往的历史我们不需考虑,关键是如何在文明社会时期避免"以通奸和卖淫为重要补充"的问题。存在这个

---

① 王磊选编:《马克思恩格斯论道德》,人民出版社2001年版,第301页。

问题的社会还不能称为文明社会，或者说只能称为不完全的文明社会。文明社会的重要指标之一就是婚姻文明。没有婚姻文明、没有男女大伦的清晰界定、友好相处、共同奋斗，就产生不了文明家庭，更产生不了文明文化，理想的文明社会就无从谈起。说到底，文明社会的基石是文明人口。如果人的文明程度不提升，如果淫游于基本的生理需求之中不能追求更高的精神文化需求，就等于是自我限制文明程度的发展，等于在阻碍人类文明的发展步伐。婚姻是所有社会伦理关系中的起始关系、基础关系和关键关系。蔑视婚姻伦理的社会建设或忽视婚姻伦理的道德建设，意味着在"降低伦理的造诣""从源头上污染道德"。而要解决这个问题，必须抛弃婚姻领域的个原主义思维，而引进实体意识。

　　黑格尔说："婚姻的主观出发点在很大程度上可能是缔结这种关系的当事人双方的特殊爱慕，或者出于父母事先考虑和安排等等；婚姻的客观出发点则是当事人双方自愿同意组成为一个人，同意为那统一体而抛弃自然的和单个的人格。在这种意义上，这种统一乃是作茧自缚，其实这正是他们的解放，因为他们在其中获得了自己的实体性的自我意识。"① 婚姻的缔结需要有主观愿望，结婚意味着主观愿望与客观条件具备时的相互结合。一旦结合，他或她就不再是过去意义上的自我意识很强的个体，而是组成为一个整体的人，成为一个"统一体"。虽然看起来这是一种自我束缚、自我设定义务，但正是由于这种纽带的约束、这种人生责任的担当、这种家庭义务的付出，才使得夫妻双方成就了一个新的实体和新的境界。

　　现代社会结婚率低而离婚率高，这固然离不开环境因素的巨大影响，但最重要的原因是由于个体性的主体意识增强。当生产力水平很低的时候，整个部落需要通过紧密的分工团结在一起才能获取足够的食物，整体意识较强；当生产力水平发展到一定程

---

① ［德］黑格尔：《法哲学原理》，范扬、张企泰译，商务印书馆1982年版，第177页。

度，人类不再需要以整个种群来对抗自然界，单靠亲属团就够了，这个时候比较重视家族团队意识；而到了生产力水平比较发达的现代社会，个体似乎依照着生产分工、个人专长、社会服务等方面的支持也能够生活，于是单打独斗的个体意识就占了较高的位置。从社会经济发展角度看，个体意识增强是好事，它反映了生产力水平的进步。从伦理角度看，个体意识增强不仅仅是权利意识的增强，更意味着个体的义务意识、责任意识的增强。既然强调个体本位，那么，权利、义务、责任均由个体来担当了。我们必须看到，生产力水平的进步仅仅是人类社会进步的一个方面，人类还有文化和精神进步的同步需求。只有经济、文化、精神得到同步发展、持续发展，这样的社会才符合现代生态文明建设的要求。整体意识、团队意识、个体意识并不是三种独立存在的东西，时空也不可能将它们予以界内隔离，说到底，这些意识仍是属于概念范畴，归属于"意识"这一种属概念之中。除了这三种意识之外，还有幸福意识、道德意识等。在将来科技取得新的进展之后，各种各样的新型意识种类还会依次出现。我们必须看到，伴随着生产力和科技进步所形成的和将要形成的种种意识，它们存在着自己的领域分工和作用层面。上述的整体意识、团队意识、个体意识是在"社会"这个领域和区间发挥作用的，而对于个人的成长、家庭内部事务的治理、乃至某种具体行业的生产，却未必适用或者未必全部适用。这就是说，在针对具体行为对象、处理具体事宜的时候，应当从中发现最适宜的意识种类，再将该意识种类运用于所面临的对象、事务或行动。婚姻作为一个领域，自然也有其适用的意识种类。人类婚姻发展史证明，单靠整体意识、团队意识、个体意识或其他意识中的一种，是无法保证婚姻的周全性和纯洁性的；而逻辑的推演也告诉我们，婚姻作为两性的结合，是两个充满生机与活力的自然人的结合，同时又因这种结合将亲戚、朋友、对手、职业、文化、国度、民族等连接在了一起。婚姻就是一个微观世界或者说是世界的原初模型，所以，仅仅依靠某种单一的意识类型或者几种意识类型的组合交替是无法完成婚姻使命的。存在决定意识、社会存在决定社会意识，有多少种生活场景就会出现多少种生活意识，婚姻中有多少种局面就会有多少种婚姻内的意识。我们并不彻底否定各种意识种类的作用和贡献，我们只是针对现代社会婚姻的特点，特别地希望能够在婚姻中增加实体意识，以家庭实体意识、家庭整体人格来协调整体意识、团队意识、个体意识等意识种类的关系，将婚姻当作实体来看待。

那么，这里又出现了一个操作上的难题，即如何在不同的意识中进行选择？

中国著名伦理学家樊浩先生研究指出："我们的世界缺什么？无论如何，这是一个太大的问题，即便是对'我们的精神世界'来说。然而，'我们'的世界缺什么却是一个可以回答、对当下的中国和世界来说也必须回答的追问。这一追问的要义是：使'我'成为'我们'，当今的世界到底缺什么？换一种话语方式：在今天的文明中，到底因为缺少什么文化元素，或者到底因为什么文明缺失，使个体性的'我'难以达到、也难以真正成为整体性和实体性的'我们'？追问的前提基于对当代文明的事实判断和文化体验：'我'难以成为'我们'！然而，无论诊断还是追问，在哲学上都指向一种质疑：'人应当如何生活'这一古老的'苏格拉底问题'，在两千多年之后是否依然还是人的终极追问？或者，这一具有终极意义的追问是否一开始就内在某种文化缺失或文本误读？陷于当今文明的'问题丛林'，是否应当延展人类的终极追问和终极思考？"[①] 这里对整个人类伦理发展的关切，也必然同样适用于婚姻领域。

婚姻通常是社会以法律形式认可的两个异性之间的长期共同的生活关系，而家庭是婚姻的结果和外部形式。家庭是每个人都或多或少在其中生活的社会单位，家庭具有养老、育幼、夫妻帮

---

① 樊浩：《"我们"的世界缺什么》，载《东南大学学报（哲学社会科学版）》2017年第1期。

扶等功能，同时承担着民族和社会天职。家庭和谐稳定是社会稳定持续发展的基础，黑格尔曾将家庭称为"神的规律"得以体现的伦理实体。家庭成员应当意识到他是家庭这个伦理实体的成员，这就是家庭伦理精神。在家庭中，没有"你"或"我"，只有"我们"。"因为我们看到，'我'与'你'之间的差异与分立本身是从统一体中产生的，是统一体——那个分成'我'与'你'两极又作为'我们'统一体而存在的统一体——的分解。"① 在婚姻领域的意识选择中，首先应当学会从"我"走向"我们"。当个体需求与家庭实体需求发生矛盾的时候，应当首先考虑到家庭的整体利益，而不是像独身者那样我行我素、任性自由。男女双方既然由婚姻关系组成了家庭，就意味着彼此之间已经由过去的"我"变成了"我们"，或者说由"1"变成了"一"。既然已经从个人走向了实体，那么就有依照实体意识去行动而不是再完全依照个体意识去行动的权利、义务和职责，这就如同在从事社会活动时应以社会意识去行动、从事工作时应以工作意识去行动一样。婚姻是"感情共同体、物质共同体、精神共同体"三者的结合，并不是仅仅关注一种或一个要素；单纯考虑感情会成为感觉主义的俘虏，单纯考虑物质会成为利益主义的奴隶，单纯考虑精神会成为幻想主义的祭者。感觉主义加物质主义会使婚姻物质满足而境界低俗，感觉主义加精神主义会使婚姻纯洁美好而物质不足，物质主义加精神主义会使婚姻外观完美而内存分裂。"感情、物质、精神"三者结合和运行于家庭这一共同体之中，家庭才能真正成为"真实家庭、生态家庭和幸福家庭"。感情、物质、精神三要素并不是一个静态存在，它们自身也存在一个变化过程，促使这三种要素不断正向成长，乃是家庭不断进步的重要保证。

人作为社会关系的总和，不能完全生活在自身孤立的世界里，其必然要与其他人打交道，久而久之也就产生了对他人的影

---

① ［俄］C. 谢·弗兰克：《社会的精神基础》，三联书店2003年版，第57页。

响或对社会的影响。按照马克思的实践哲学观点，现实的个人一方面是能动的，能够创造自己的生活，另一方面，他又不能随心所欲地创造世界，而是必然地要承受既定条件的制约。……因此，作为活动主体的个人与客观的社会或社会结构之间便不可避免地是一种辩证的互动或交互中介关系。[①]"为什么要结婚？……我的观点是：在简单的功利主义立场上根本无法解释婚姻。婚姻是基本的人类互惠性的产物和表现，是社会群体间连接的纽带，是最完全意义上的联盟。"[②]

作为生命存在样态的男人和女人，其原始来源是家庭。人不能离开家而存在，因为家是一个人的诞生地、成长地、归宿地。自从有人类开始，就有家，只不过家的形式经历了种种变化而已。家是一个实体，即使没有家，也得有类似于家的事物存在，否则，个人很难产生归属感、幸福感和成就感。家庭是伦理实体、是道德资源的源泉。婚姻成功的评价标准，主要是看其是否具有实体精神，而不是看其拥有多少物质财富；贯彻在物质、情感和精神之上的东西是实体；实体是婚姻的本质，也是家庭的本质；婚姻不是片面，婚姻是实体。从发生学视角观察，先有家庭后有社会，家庭是社会的前提。从现实中看，家庭是社会的基础、社会的细胞、社会的主体，家庭是各种社会关系、社会事务、社会情感的源头、始点和基础。社会关系的基本结构是按照家庭关系模式建立的。社会存在的重要目的之一是使每个家庭都幸福，因此，家庭又是社会的目标。所谓现代社会，其主要特点是将家庭功能放大到整个社会，由社会尽可能多地承担起传统上属于家庭管理的事务。社会也只有成了扩大版的家庭，生活于社会中的成员才会本能地具有安全感、舒适感和惬意感，否则，人

---

[①] 王南湜：《社会哲学——现代实践哲学视野中的社会生活》，云南人民出版社2001年版，第133~134页。

[②] [美] 罗伯特·F. 墨菲：《文化与社会人类学引论》，王卓君、吕迺基译，商务印书馆1991年版，第111页。

类不会安心。学者费正清指出，中国社会结构的基本单元是家庭而不是个人，"中国家庭是自成一体的小天地，是个微型的邦国"；马克斯·韦伯也把中国形容为"家族结构式的国家"。实际上，中国古代"由家及国"的立国理念，在其他国家或地区也有类似的体现。古今中外的文明建设，无不是围绕"依家建国、国建如家"的方向进展，因为，说到底，人类文明的建设是为了人类的生存、发展和繁荣，而家庭这种血缘共同体正是体现了这一本能性要求。任何血缘共同体之外的地缘共同体、业缘共同体乃至物质共同体、精神共同体、文化共同体，如果不将其中的核心逻辑依照家庭逻辑来安排，则必然不能让人心安。而历史上或现实存在的各种各样的行业、团体、集团、公司、医院、学校、寺庙、机构、组织等，也莫不是有意无意地遵循了家庭逻辑的运行规律才得以顺利发展。

世界上只要有两个以上的人存在，就有伦理道德关系需要处理。婚姻是人类社会最重要的伦理关系。婚姻的幸福直接影响到每个个体的人生质量，因而也关涉到整个人类的幸福。因此，婚姻应该受到尊重、珍惜和重视。婚姻绝对不只是两个人的事，也绝对不是两个家庭之间甚至两个民族之间的事，婚姻涉及整个的人类。婚姻承担着繁衍人类、抚养人类、幸福人类的重任，因此，婚姻个体主义、婚姻家庭主义应当逐渐过渡到婚姻人类主义，如此，婚姻责任心才会增加，而整体的婚姻环境才会不断改善和提升，婚姻的功能才能实现。无论在战争、动荡、瘟疫期间，还是在国泰民安的历史阶段，婚姻的伦理逻辑都是一直存在的。婚姻伦理逻辑是相互尊重、互相帮助，推动物质文明、精神文明、生态文明的一体进步。婚姻伦理逻辑适用于任何人群、任何地域和任何时期。在人类社会发展中，不能忘却人类的初心；在婚姻领域进步上，也不能忘记婚姻的初心；所有的初心给人以正面的引导、给人以对美好未来和幸福婚姻的向往、给人以不断向上的信心和克服苦难的勇气。因此，在婚姻领域要"尊重初心"。环境将婚姻自主权交给了个体，个体就对婚姻负起了责任；自然将人生选择权交给了个体，个体就对自己真实而成功的人生负起了责任。这种责任是伦理责任、实体责任、无限责任、终生责任，因为是责任，因为因责任而产生了义务和权利，从而也就成就了事功、幸福乃至境界。婚姻境界是衡量个体、群体、整体文明程度高低的重要指标，因此也是这些主体的重要努力方向。

婚姻是"始源型"的伦理关系。由于婚姻的存在，才出现了"父—子、兄—弟、君—臣、朋友"其他四伦。"子曰：仁远乎哉？我欲仁，斯仁至矣。"（《论语·述而》）孟子说："人之有道也，饱食、暖衣、逸居而无教，则近于禽兽。圣人有忧之，使契为司徒，教以人伦：父子有亲，君臣有义，夫妇有别，长幼有叙，朋友有信。"（《孟子·滕文公上》）坚持五伦之理，就等于伦理上的成长。人能弘道，非道弘人；每个人都是要成长的，而每种成长，无论是自然成长、社会成长、还是人格成长，都是需要在规定中进行的，正所谓限制即发展、否定即肯定。当人由一个独立的个体加入婚姻家庭实体之后，就等于对原来的自己有了规定、限定和否定，而也正是在这种情况下逐渐体会到了团队意识、整体意识，在自我意识的基础上逐渐得到了升华。但是，生活场景千变万化、多种多样、无穷无尽，存在各种内外影响因子，那么也必然会引起意识本身的变化、波动和旋转，这给本来繁忙的夫妻双方又带来了困惑和挑战。在这种情况下，就可以将"我们"意识直接过渡到"精神"。樊浩先生认为，"精神"是包含理智、意志、人的整个心灵和道德的存在。① 黑格尔认为，"精神是普遍的、自身同一的、永恒不变的本质"②。如果说"我"代表的是个体意识，"我们"表征的是"家庭实体"，那么"精神"所表征的就是包括家庭实体、家庭精神在内的伦理

---

① 樊浩：《伦理精神的价值生态》，中国社会科学出版社2001年版，第7页。
② ［德］黑格尔：《精神现象学（下）》，贺麟、王玖兴译，商务印书馆1979年版，第2页。

上的"普遍物",即"伦理精神"。① 如果不仅在婚姻领域能够坚持"伦理精神",而且在整个社会的所有领域都能"学会为伦理思考所支配"②,学会"伦理信任"③,那么,必将促进婚姻幸福,促进社会生态文明建设,促进社会至善与个体至善的有机统一。

---

① 樊浩:《道德形而上学体系的精神哲学基础》,中国社会科学出版社2006年版,第15页。
② 樊浩:《中国社会价值共识的意识形态期待》,载《中国社会科学》2014年第7期。
③ 樊浩:《缺乏信用,信任是否可能》,载《中国社会科学》2018年第3期。

# 后　记

本书为作者2015年承担的河北省社会科学基金项目，项目编号：HB15ZX012，本书是该项目的最终成果。在河北省社会科学规划办公室的大力支持和资助下，本书得以付梓完成。

感谢河北经贸大学的诸位领导及同事，感谢科研处和法学院领导的关心和支持，感谢学界前辈和同仁，感谢社会各界同仁、课题组成员以及各位朋友的大力支持，感谢中国检察出版社的大力帮助。感谢我的恩师——中国伦理学会副会长、长江学者、江苏社会院副院长樊浩教授，是他指引我步入了伦理学的神圣殿堂，并一直激励我在学术道路上勇敢前行。感谢河北经贸大学原党委书记、校长、中国伦理学会副会长、河北伦理学会会长王莹教授一直以来对我的关爱、提携和帮助。感谢河北经贸大学副校长柴振国教授的关心和帮助。感谢河北经贸大学法学院王利军院长的大力支持和法学院的资助。感谢王康老师辛苦的无私帮助。感谢河北经贸大学科研处王翠改、栾晓慧、马天瑜等科研管理人员的卓越工作和不懈支持。感谢我的亲人，感谢我的父母、感谢我的岳父岳母、感谢我的兄弟姐妹、感谢我的妻子和孩子。谨以此书献给我的家人。

课题立项后，夜以继日地展开研究工作，三年内的科研努力基本围绕此课题进行。课题组成员团结努力，我也几次累得晕倒在地几乎丢掉性命。但对学术的热爱推动我们不断前行。书中不足之处请多多批评指正，我们期望以后能够继续研究提高。

课题主持人：赵一强

2018年10月28日